Vue.js
前端框架开发实战

张 磊 宋 洁 张建军◎主 编
纪美仑 隋秀丽 王 刚 乔富强 赵 旭◎副主编

U0293276

清华大学出版社
北京

内容简介

本书通过应用示例和综合案例对 Vue.js 3.0 的相关知识进行讲解与演练,旨在使读者快速掌握 Vue.js 的用法,并提高使用 Vue 开发网站、平台与 App 的实战能力。本书分为 11 章,内容包括 Vue 核心设计思想、开发环境的搭建、Vue 实例的创建、数据绑定、事件监听操作、常用 API、页面渲染方法、过渡与动画、Vue 路由原理、动态路由的嵌套、Vuex 状态管理、Vue 脚手架、服务器端渲染,以及"微商城"项目实战等。

本书内容丰富,理论与实践相结合,提供配套示例源代码、教学课件和教学视频等资源,可作为高等院校相关专业的教材,也可作为 Web 前端开发初学者、移动网站与 App 设计开发人员的参考读物。

图书在版编目(CIP)数据

Vue.js 前端框架开发实战/张磊,宋洁,张建军主编. —北京:清华大学出版社,2023.7(2025.1重印)
ISBN 978-7-302-63044-9

Ⅰ.①V… Ⅱ.①张… ②宋… ③张… Ⅲ.①网页制作工具-程序设计 Ⅳ.①TP392.092.2

中国国家版本馆 CIP 数据核字(2023)第 042999 号

责任编辑:郭 赛
封面设计:杨玉兰
责任校对:申晓焕
责任印制:杨 艳

出版发行:清华大学出版社
 网　　　址:https://www.tup.com.cn,https://www.wqxuetang.com
 地　　　址:北京清华大学学研大厦 A 座　　　　　邮　　编:100084
 社 总 机:010-83470000　　　　　　　　　　　邮　　购:010-62786544
 投稿与读者服务:010-62776969,c-service@tup.tsinghua.edu.cn
 质量反馈:010-62772015,zhiliang@tup.tsinghua.edu.cn
 课件下载:https://www.tup.com.cn,010-83470236
印 装 者:三河市铭诚印务有限公司
经　　销:全国新华书店
开　　本:185mm×260mm　　　印　　张:19.75　　　字　　数:456 千字
版　　次:2023 年 8 月第 1 版　　　　　　　　　　印　　次:2025 年 1 月第 2 次印刷
定　　价:59.90 元

产品编号:095492-01

前　言

党的二十大报告提出"实施科教兴国战略,强化现代化建设人才支撑"。深入实施人才强国战略,培养造就大批德才兼备的高素质人才,是国家和民族长远发展的大计。为贯彻落实党的二十大精神,筑牢政治思想之魂,编者在牢牢把握这个原则的基础上编写了本书。

"信创"作为国家的战略性发展方向,近两年得到了长足发展,尤其是在当前大环境下,信创产业已成为国家信息产业的重点方向之一,因此,在信创技术平台下进行项目开发也成了学习的重点。

Vue.js是当下火热的前端开发技术之一,广泛用于Web开发和单页面应用程序,很容易与其他项目和库集成,使用起来也非常简单。即使是初学者,也可以轻松理解Vue.js,并构建自己的用户界面。

本书涵盖基础知识和项目实战,专为初学者和专业人士设计。本书基于当前最新的Vue.js 3.0版本进行编写。本书分为11章,主要内容如下。

第1章介绍信创技术的发展情况,包括基于统信UOS开发环境的建立、Vue的基本概念,以及如何创建基于Vue CLI的项目。

第2章完整介绍Vue实例对象的创建方式、Vue模板语法、数据绑定以及常用内置指令的使用。

第3章详细介绍Vue的事件机制、Vue组件的创建和注册、父子组件数据传递,以及Vue的生命周期钩子函数。

第4章主要介绍Vue全局API的使用、Vue常用实例属性的使用,以及Vue全局配置。

第5章介绍Vue中使用过渡和动画对页面进行渲染。

第6章详细介绍Vue中路由的基本概念、路由对象的属性、Vue-Router的基本使用。

第7章主要介绍Vuex的下载和安装、Vuex的5个核心对象,以及如何利用Vuex进行状态管理。

第8章主要讲解Vue CLI的安装和基本使用、CLI插件及其相关配置。

第9章讲解服务器端渲染的概念及使用、客户端渲染和服务器端渲染的区别。

第10章讲解与信创相关的前端静态资源服务器Tengine的安装及项目的部署方式。

第11章通过新闻Web App项目的开发对ElementUI、Vuex、Vue-Router、axios等前端库和组件库及插件的使用方法进行综合演示。

第1~7章的内容相对容易,刚入门Vue.js的开发者也能很快掌握。

第 8～11 章首先介绍 Vue CLI,然后充分利用 Vue.js 的基础知识完成实战项目的开发。

本书特色

- 包含信创技术体系知识,有助于读者在新平台下学习开发。
- 针对 Vue 的使用者,是前端开发的必备书籍。
- 从介绍到使用再到实战,可以作为一本 Vue 使用手册。
- 代码清晰、迭代完整,便于读者完整、全面地掌握和学习 Vue。
- 注重从实战经验方面进行讲解,非常实用。

阅读指南

本书基础内容和实战项目共存,适用于刚接触信创技术并对 Vue.js 的前端或后端有兴趣的开发者。当然,有一定 Vue.js 或信创技术开发经验的读者也能从中收获不少实战经验。

本书要求读者已经了解和掌握 HTML 和 CSS 的相关知识,并有一定的 JavaScript 语法基础,同时对 Linux 知识有一定程度的认知,否则阅读本书会有一定的难度。

使用本书要求

本书第 1～7 章中的示例只需要一台独立的计算机,用于信创环境的搭建,包括浏览器和编译器两个环境,浏览器以 Chrome 为例进行演示;第 8～11 章中的示例需要读者了解并安装 Node.js 和 Vue CLI,开发工具可使用 Visual Studio Code 或者 WebStorm。

其他

尽管我们希望在最大程度上做到尽善尽美,但错误依然在所难免。

读者如对本书有任何疑问,均可发送邮件至 511167169@qq.com,我们将竭诚为您服务。

编　者

2023 年 7 月

目　录

第 1 章　统信 UOS 环境搭建

统信 UOS 作为拥有完全自主知识产权的操作系统,是信息产业部认可的信创专用操作系统之一,具有高可靠性、高安全性、高易用性等特点。使用 UOS 作为开发环境有利于提升软件开发平台的开发效率,也有利于国家信创事业的发展。同时,随着国家信创建设的稳步推进,现阶段学习并掌握与信创有关的操作系统有利于学生在未来的就业和工作中取得更大的成就。

本 章 要 点

- 统信 UOS 的基本概念
- 统信 UOS 环境下的平台安装与配置
- 了解信创产业在我国现阶段信息化建设中的重要地位
- 基于信创平台搭建开发环境
- 掌握使用 Vue Cli 创建 Vue 项目
- 掌握使用 WebStorm 创建 Vue 项目

励 志 小 贴 士

对于探索全新领域过程中凝聚的科学精神,从根本上说是一种好奇与热爱、怀疑与理性思考、求真与证伪以及破旧立新的精神;是为了真理而顽强不懈、不畏艰辛,甚至为此献身的决心和行动;是人们在科学活动中应具有的意识和态度。

课程思政

国家信息安全建设的重要意义

信息作为一种资源,它的普遍性、共享性、增值性、可处理性和多效用性对于人类具有特别重要的意义。信息安全的实质是保护信息系统或信息网络中的信息资源免受各种类型的威胁、干扰和破坏,即保证信息的安全性。根据国际标准化组织的定义,信息安全性的含义主要指信息的完整性、可用性、保密性和可靠性。信息安全是任何国家、政府、部门、行业都必须十分重视的问题,是不容忽视的国家安全战略。但是,对于不同的部门和行业来说,其对信息安全的要求和重点却是有区别的。

社会发展带来了各方面信息量的急剧增加,并要求大容量、高效率地传输这些信息。为了适应这一形势,通信技术发生了前所未有的爆炸式发展。目前,除有线通信外,短波、超短波、微波、卫星等无线电通信也在广泛应用。与此同时,国外敌对势力为了窃取我国的政治、军事、经济、科学技术等方面的秘密信息,运用侦察台、侦察船、侦察机、卫星等手段,形成固定与移动、远距离与近距离、空中与地面相结合的立体侦察网,截取我国通信传输中的信息。

从文献中了解一个社会的内幕,早已是司空见惯的事情。在20世纪的后50年中,从社会所属的计算机中了解一个社会的内幕正变得越来越容易。

人们将日益繁多的事情托付给计算机完成,敏感信息正经过脆弱的通信线路在计算机系统之间传送,专用信息在计算机内存储或在计算机之间传送,电子银行业务使财务账目可通过通信线路查阅,执法部门从计算机中了解罪犯的前科,医生用计算机管理病历,所有的一切,最重要的问题是不能在对非法(非授权)获取(访问)不加防范的条件下传输信息。

传输信息的方式很多,有局域计算机网、互联网和分布式数据库,有蜂窝式无线、分组交换式无线、卫星电视会议、电子邮件及其他各种传输技术。信息在存储、处理和交换过程中都存在泄露或被截收、窃听、篡改和伪造的可能性。不难看出,单一的保密措施已很难保证通信和信息的安全,必须综合应用各种保密措施,即通过技术的、管理的、行政的手段,实现对信源、信号、信息三个环节的保护,借以达到保障信息安全的目的。

1.1　统信 UOS 概述

1.1.1　统信概述

说到中国的 Linux 发行版,人们第一个想到的就是深度操作系统(deepin linux)。而谈到最近火热的自主操作系统,相信人们也会想到统信 UOS。这二者背后的关系你又是否知道?

我们所熟悉的深度操作系统其实是统信 UOS 的社区版。得益于深度操作系统多年来的发展,统信 UOS 在发布初期就打下了良好的基础,获得了社区的认可(图1-1)。

图 1-1　deepin

不少国内的开发者和 Linux 爱好者上手的第一款 Linux 发行版便是深度操作系统。而在面向政府和企业的场景中,商业用户不仅需要好的产品,更需要各种各样的服务支持。正因如此,深度操作系统和统信 UOS,一个可以更好地服务于社区用户,另一个则更加专注于服务商业用户。统信软件作为中国自主操作系统的领跑者,携手合作伙伴带来覆盖数字中国多场景的解决方案。近期,统信 UOS 生态适配突破 50 万大关,统信 UOS 成熟完善的生态再次成为广大合作伙伴和用户热议的话题。

统信软件是国内首个突破 50 万生态适配的操作系统厂商,合作厂商多达 4800 家,统信生态社区累计注册用户已超过 20 万人,企业实名认证超过 2 万家,并吸引国内外厂商主动加入,统信 UOS 生态已成为国内较大的自主操作系统生态圈之一。

数字时代奔涌而来,操作系统作为数字经济的关键基础设施,正在展现和释放出数字化转型的澎湃动能。统信 UOS 正以中国操作系统"领头羊"的奋进姿态引领中国操作系统的生态建设,赋能千行百业的数字化转型,为数字中国建设和数字经济发展夯实安全底座。

1.1.2　功能列表

在当今的国际与社会环境下,国产替代已经不再是遥不可及的梦想,而是不得不面对的现实。统信软件深感肩上背负的使命,统信应用商店已经陆续上线了金山文档、即时设计、墨刀、Pixso 等在线协作软件应用,主流办公工具应用,如 WPS、钉钉、微信等也陆续迎来重大更新。目前,统信 UOS 已全面覆盖文档处理、思维、图像、效率等多方位的全场景,已能完全满足日常的办公需求(图 1-2)。

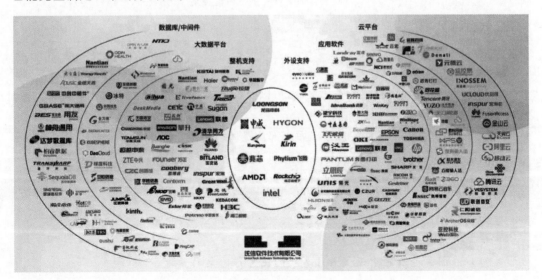

图 1-2　统信 UOS 应用

初具规模的统信 UOS 操作系统创新生态吸引了国内外知名软硬件厂商主动加入,统信软件与近 4000 家生态伙伴完成了 20 多万款软硬件产品的适配。

下面介绍平台比较常用的几个功能。

1. 右键菜单环境

桌面是登录后看到的主屏幕区域。在桌面上可以新建文件/文件夹、排列文件、打开终端、设置壁纸和屏保等,还可以向桌面添加应用的快捷方式。

在桌面新建文件夹或文档,也可以对文件进行常规操作。

在桌面上,单击鼠标右键,单击【新建文件夹】按钮,输入新建文件夹的名称。

在桌面上,单击鼠标右键,单击【新建文档】按钮,选择新建文档的类型,输入新建文档的名称。

在桌面文件或文件夹上,单击鼠标右键,弹出的快捷菜单中主要包含如下功能(表1-1)。

表 1-1 快捷菜单

功　能	说　明
打开方式	选定系统默认打开方式,也可以选择其他关联应用程序打开
压缩/解压	压缩文件或文件夹,或对压缩文件进行解压
剪切	移动文件或文件夹
复制	复制文件或文件夹
重命名	重命名文件或文件夹
删除	删除文件或文件夹
创建链接	创建一个快捷方式
标记信息	添加标记信息,以对文件或文件夹进行标签化管理
病毒查杀	对文件或文件夹进行病毒查杀
属性	查看文件或文件夹的基本信息、共享方式及其权限

2. 更改壁纸

选择一些精美、时尚的壁纸美化桌面,可以让计算机的显示与众不同。

(1) 在桌面上单击鼠标右键。

(2) 单击【壁纸与屏保】按钮,在桌面底部预览所有壁纸。

(3) 选择某一壁纸后,壁纸就会在桌面和锁屏中生效。

(4) 单击【仅设置桌面】和【仅设置锁屏】按钮控制壁纸的生效范围(图1-3)。

窍门:

- 勾选【自动更换壁纸】复选框,设置自动更换壁纸的时间间隔。还可以设置在"登录时"和"唤醒时"自动更换壁纸。
- 可以在图片查看器中设置自己喜欢的图片作为桌面壁纸。

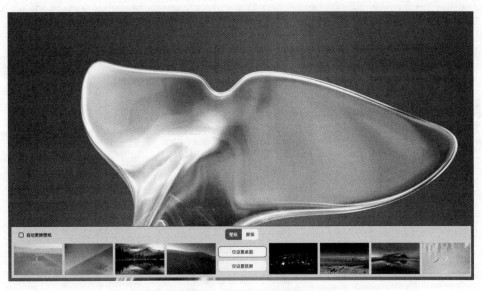

图 1-3　选择和设置壁纸

3. 剪贴板

剪贴板展示当前用户登录系统后复制和剪切的所有文本、图片和文件。使用剪贴板可以快速复制其中的某项内容。注销或关机后,剪贴板会自动清空(图 1-4)。

(1) 使用快捷键 Ctrl＋Alt＋V 唤出剪贴板。

(2) 双击剪贴板内的某一区块可以快速复制当前内容,且当前区块会被移动到剪贴板顶部。

(3) 选择目标位置并粘贴。

(4) 将鼠标指针移入剪贴板的某一区块,单击上方的 close 按钮,删除当前内容;单击顶部的【全部清除】按钮可以清空剪贴板。

4. 任务栏

任务栏一般是指位于桌面底部的长条,主要由启动器、应用程序图标、托盘区、系统插件等组成。在任务栏中,可以打开启动器、显示桌面、进入工作区,对其上的应用程序进行打开、新建、关闭、强制退出等操作,还可以设置输入法、调节音量、连接网络、查看日历、进入关机界面等。

任务栏图标包括启动器图标、应用程序图标、托盘区图标、系统插件图标等(图 1-5)。

窍门:在高效模式下,单击任务栏右侧可显示桌面,将鼠标指针移到任务栏上已打开的窗口的图标时,会显示相应的预览窗口。

图 1-4　剪贴板

图标	说明	图标	说明
❋	启动器 - 单击查看所有已安装的应用。	▤	显示桌面。
▦	多任务视图 - 单击显示工作区。	🗄	文件管理器 - 单击查看磁盘中的文件、文件夹。
◑	浏览器 - 单击打开网页。	▥	商店 - 搜索安装应用软件。
▭	相册 - 导入并管理照片。	🎵	音乐 - 播放本地音乐。
▤	联系人 - 好友通信，视频会议。	27	日历 - 查看日期、新建日程。
⚙	控制中心 - 单击进入系统设置。	🔔	通知中心 - 显示所有系统和应用的通知。
⌨	桌面智能助手 - 使用语音或文字来发布指令或进行询问。	▦	屏幕键盘 - 单击使用虚拟键盘。
⏻	电源 - 单击进入关机界面。	◉	回收站。

图 1-5　任务栏图标

◤ 1.1.3　统信 UOS 应用商店

　　统信 UOS 是一款美观易用、安全可靠的国产桌面操作系统。统信 UOS 预装了文件管理器、应用商店、看图、系统监视器等一系列原生应用，它既能让用户体验到丰富多彩的娱乐生活，也可以满足用户的日常工作需求。随着功能的不断升级和完善，统信操作系统已成为国内极受欢迎的桌面操作系统之一。

　　应用商店是一款集应用推荐、下载、安装、卸载于一体的应用程序。应用商店精心筛选和收录了不同类别的应用，包括统信 UOS 版专属应用、Windows 应用、安卓应用，以及浏览器插件等其他应用，每款应用都经过人工安装并验证。用户可以进入应用商店搜索热门应用，一键下载并自动安装。

1. 使用入门

可以通过以下方式运行或关闭应用商店，或者创建应用商店的快捷方式。

1）运行应用商店

（1）单击任务栏上的启动器图标 ，进入启动器界面。

（2）上下滚动鼠标滚轮浏览，或通过搜索找到应用商店图标▥，单击并运行。

（3）右击图标▥，可以：

- 单击【发送到桌面】按钮，在桌面创建快捷方式；
- 单击【发送到任务栏】按钮，将应用程序固定到任务栏；
- 单击【开机自动启动】按钮，将应用程序添加到开机启动项，在开机时自动运行该应用。

说明：应用商店默认固定在任务栏上，可以单击任务栏上的图标打开应用商店。

2）关闭应用商店

（1）在应用商店界面单击 ✕ 按钮，退出应用商店。

（2）在任务栏右击图标▇，选择【关闭所有】选项退出应用商店。

2. 操作介绍

在应用商店界面，单击左上角的【登录】按钮，进入登录界面。可以选择微信扫码登录或账号密码登录，单击左上角可以切换登录方式。

1）微信扫码登录

打开微信客户端扫描二维码登录（图 1-6）。

2）账号密码登录

输入 Union ID/手机号/邮箱及密码，单击【登录】按钮（图 1-7）。

图 1-6　微信扫码登录

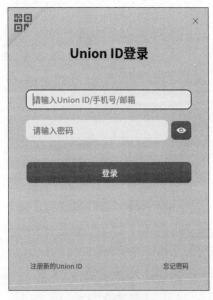

图 1-7　账号密码登录

说明：如果未注册账号，则可以单击登录界面的【注册新的 Union ID】按钮进行账号注册。

3. 应用栏目

应用商店的应用栏目包括热门推荐、装机必备、全部分类、手机应用等，下面简单介绍常见的应用分类（图 1-8）。

说明：统信 UOS 操作系统的家庭版与学生版的应用栏目不同，随着应用的不断更新，应用栏目也可能随之变化，请以实际界面为准。

1.2　使用 U 盘安装统信 UOS

统信 UOS 分为家庭版、专业版、服务器版，此处安装的是家庭版，安装之前先要从官网下载最新的 ISO 包。

服务器版与专业版需要专门的授权，家庭版现阶段可以通过专门的测试渠道获取正

热门推荐	展示轮播图、热门应用、下载排行榜等内容,单击轮播图可以查看相关的应用。
装机必备	展示各类使用场景安装必备应用,如办公必备、影音必备等。 勾选需要安装的应用,单击"一键安装"按钮则可以批量安装应用。
全部分类	展示所有的应用分类,单击某分类可以查看相关的应用。 单击"下载量""更新时间"和"评分"按钮还可以对应用进行排序。
手机应用	展示各类安卓应用,可以安装到PC端使用。

图 1-8   应用分类

式测试版的授权。

1.2.1   UOS 镜像的下载

在官网(https://home.uniontech.com/)下载 ISO 文件(图 1-9)。

图 1-9   统信官网

1.2.2   安装前准备

使用镜像文件制作系统安装 U 盘。

所需工具:

- 一个容量大于 8GB 的 U 盘,制作过程将格式化该 U 盘,请务必提前备份;
- 镜像文件,单击官网链接并下载到本地。

操作系统后续操作:

- 进入 Windows 系统；
- 在 Windows 系统中，双击打开镜像文件，双击运行 DEEPIN-B 程序；如果下载后的镜像文件是压缩包格式，请解压后再双击运行 DEEPIN-B 程序（图 1-10）。

名称	修改日期	类型	大小
_DISK	2021/10/22 18:29	文件夹	
BOOT	2021/10/22 18:23	文件夹	
DISTS	2021/10/22 18:23	文件夹	
EFI	2021/10/22 18:23	文件夹	
ISOLINUX	2021/10/22 18:23	文件夹	
LIVE	2021/10/22 18:29	文件夹	
OEM	2021/10/22 19:26	文件夹	
POOL	2021/10/22 18:23	文件夹	
PRESEED	2021/10/22 18:23	文件夹	
DEEPIN_B	2021/9/14 15:54	应用程序	16,331 KB
DEEPIN_B	2021/9/14 15:54	压缩(zipped)文件…	30,322 KB
KEY	2021/11/10 14:47	文本文档	1 KB
MD5SUM	2021/10/22 18:29	文本文档	40 KB
SHA256SU	2021/10/22 18:29	文本文档	58 KB

图 1-10　ISO 包中的文件格式

说明：在部分计算机中，程序名称显示为完整名称 deepin-boot-maker，请以实际显示为准。

在计算机上插入 U 盘：

- 单击【选择光盘镜像文件】按钮，选择已下载的镜像文件，单击【下一步】按钮；如果下载后的镜像文件是压缩包格式，单击【请选择光盘镜像文件】按钮，选择该压缩包即可（图 1-11）；

图 1-11　光盘镜像操作（1）

- 弹出的对话框中将显示刚插入的 U 盘，单击选中并勾选"格式化磁盘可提高制作成功率"复选框，单击【开始制作】按钮（图 1-12）；
- 等待制作，预计耗时 5～10 分钟，制作完成前请勿移除 U 盘或关闭计算机；
- 系统安装 U 盘制作完成，移除 U 盘（图 1-13）。

图 1-12　光盘镜像操作(2)

图 1-13　光盘镜像操作完成

1.2.3　正式安装(推荐全盘安装)

使用系统安装 U 盘,用户可选择任意一种方式安装系统。

- 全盘安装(推荐):自动安装,安装后只保留统信 UOS 单系统(将删除该计算机中的所有数据)。
- 手动安装:手动安装,自定义分区,安装后可运行统信 UOS 和 Windows 双系统。

注意:安装系统前,请提前备份计算机中的重要数据。

1. 全盘安装

自动安装,安装后只保留统信 UOS 单系统。

(1) 使用快捷键进入 BIOS 界面。插入系统安装 U 盘,重启计算机,立即以 1 秒 1 次的频率连续按 F12 键直至进入 BIOS 界面,选择该 U 盘,进入 BIOS 界面的快捷键一般为

F12/F2/Esc/Del 键,具体请以开机第一屏的显示为准。

　　说明:如果快捷键无法进入 BIOS 界面,则从 Windows 设置 U 盘启动。

　　① 在 Windows 桌面单击【开始】→【设置】→【更新和安全】按钮。

　　② 在【更新和安全】页面,单击【恢复】→【立即重新启动】按钮。

　　③ 单击【使用设备】→【USB Drive】按钮。

　　(2) 单击【自定义设置】按钮(图 1-14)。

图 1-14　自定义设置

　　(3) 选择【全盘安装】选项,选中安装磁盘,单击【下一步】按钮(图 1-15)。

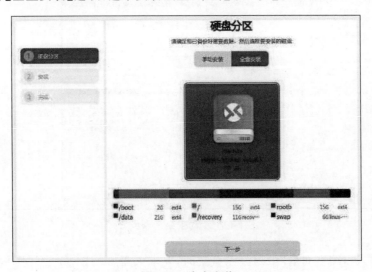

图 1-15　全盘安装

　　(4) 单击【继续安装】按钮。

　　(5) 等待系统安装,预计耗时 5～10 分钟,安装过程中请勿移除 U 盘或关闭计算机。

　　(6) 安装成功,单击【立即重启】按钮,单击后立即移除 U 盘(图 1-16)。

2. 手动安装

　　手动安装,自定义分区,安装后可运行统信 UOS 和 Windows 双系统,步骤较多,相对复杂,但能有更多的平台可塑性。

　　(1) 进入 Windows 系统,手动划分磁盘,作为安装统信 UOS 的系统盘。

图 1-16　安装成功

① 右击【此电脑】,选择【管理】选项,进入计算机管理界面。

② 单击【存储】→【磁盘管理】按钮,选择目标磁盘(建议选择剩余空间最大的磁盘),右击【压缩卷】(图 1-17)。

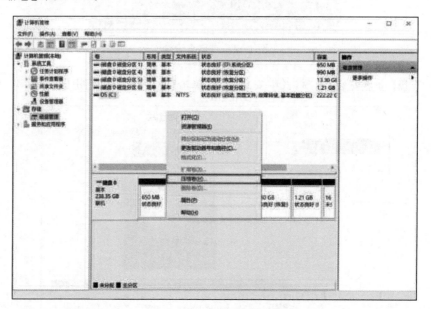

图 1-17　手动安装 - 卷设置

③ 在"输入压缩空间量"中划分磁盘空间,要求大于 64GB(65 536MB),单击【压缩】按钮(图 1-18)。

④ 选中上一步划分的磁盘【未分配磁盘】,右击后选择【新建简单卷】选项(图 1-19)。

⑤ 在【新建简单卷向导】页面连续单击【下一页】按钮,直至格式化分区页面(图 1-20)。

⑥ 选中【按下列设置格式化这个卷】,在【卷标】中输入名称 isoftUOS,单击【下一页】按钮,再单击【完成】按钮。

(2) 使用快捷键进入 BIOS 界面。插入系统安装 U 盘,重启计算机,立即以 1 秒 1 次的频率连续按 F12 键直至进入 BIOS 界面,选择该 U 盘,进入 BIOS 界面的快捷键一般为 F12/F2/Esc/Del 键,具体请以开机第一屏的显示为准。

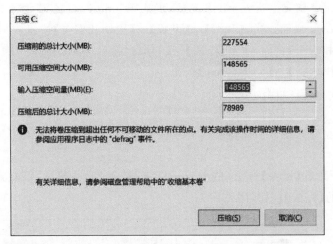

图 1-18　手动安装 - 压缩设置

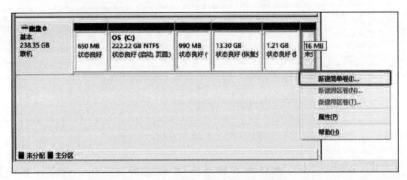

图 1-19　手动安装 - 新建简单卷

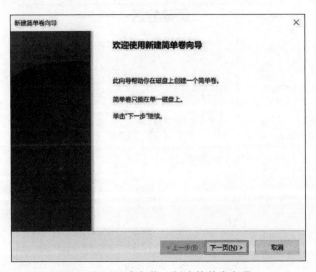

图 1-20　手动安装 - 新建简单卷向导

说明：如果快捷键无法进入 BIOS 界面，则从 Windows 设置 U 盘启动。

① 在 Windows 桌面，单击【开始】→【设置】→【更新和安全】按钮。

② 在【更新和安全】页面，单击【恢复】→【立即重新启动】按钮。

③ 单击【使用设备】→【USB Drive】按钮。

（3）单击【自定义设置】按钮。

（4）单击【手动安装】按钮。

（5）进行硬盘分区设置。硬盘分区必须按下列步骤设置，以免安装失败或系统操作异常。

① 单击右下角的【删除】按钮，单击 isoftUOS 磁盘（下文简称"该磁盘"）右侧的图标，单击右下角的【完成】按钮（图 1-21）。

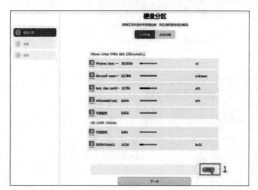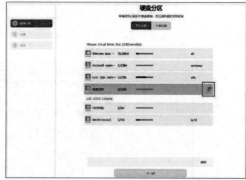

图 1-21　手动安装（1）

② 创建引导分区。单击该磁盘右侧的图标，在新建分区页面中，【文件系统】选择 efi，【大小】默认为 300MB，单击【新建】按钮（图 1-22）。

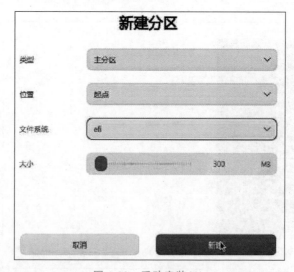

图 1-22　手动安装（2）

③ 创建交换分区。单击该磁盘右侧的图标,在新建分区页面中,【文件系统】选择【交换分区】,【大小】建议为 16 000MB,单击【新建】按钮(图 1-23)。

④ 创建系统根分区。单击该磁盘右侧的图标,在新建分区页面中,【文件系统】选择 ext4,【挂载点】选择"/",【大小】建议大于 35GB(35 840MB),单击【新建】按钮(图 1-24)。

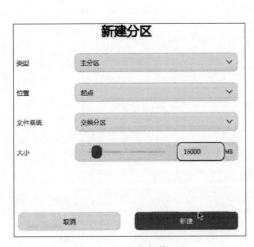

图 1-23　手动安装(3)

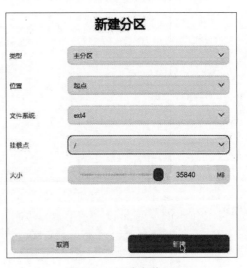

图 1-24　手动安装(4)

(6) 硬件分区设置完成,单击【下一步】按钮(图 1-25)。

图 1-25　手动安装(5)

(7) 确认分区,单击【继续安装】按钮(图 1-26)。

(8) 等待安装,预计耗时 5～10 分钟,安装过程中请勿移除 U 盘或关闭计算机(图 1-27)。

图 1-26　手动安装(6)

图 1-27　手动安装完成

1.2.4　启动及激活

平台刚刚部署好,重启后需要进行相应的配置,例如设置网络、创建账号等,这些操作也都需要耐心等待几分钟。

1. 激活

成功安装统信 UOS 后,系统已自动赠送 30 天免费试用期,试用期内可使用系统的全部功能。如果需要激活,则采用下列激活步骤对系统进行激活操作。

(1)在系统欢迎界面单击【立即激活】按钮(图 1-28),或在任务栏单击【控制中心】→【系统信息】→【激活】按钮。

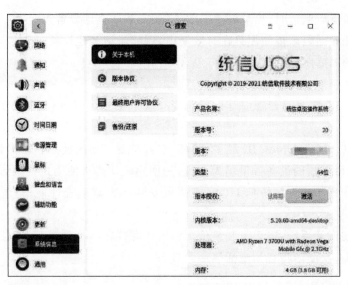

图 1-28　系统激活

（2）单击【立即激活】按钮，登录 Union ID，新用户可单击左下角的【注册新的 Union ID】按钮注册账号。

（3）选择任一激活方式，永久激活系统（图 1-29）。

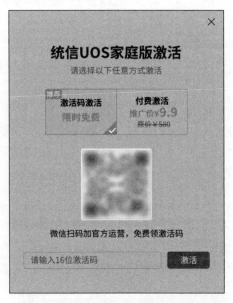

图 1-29　选择激活方式

（4）激活成功。

2. 常见激活问题

（1）一个激活码可以激活几次？

答：一个激活码只能激活一次（即一台设备），不能重复使用。

（2）使用激活码激活时，提示激活失败了，还能激活其他设备吗？

答：只要此激活码未被使用且在有效期内，就能激活其他设备。

（3）下载的家庭版没有激活码入口怎么办？

答：检查系统更新，将系统升级为最新版本。

（4）Union ID 账号已经激活了 5 台设备，这个账号可以再使用激活码激活其他设备吗？

答：不可以。同一 Union ID 最多可激活 5 台设备。如果使用付费激活后，再使用激活码激活，最多可激活的设备数量仍为 5 台；先使用激活码再使用付费激活也是如此。

不推荐使用虚拟机安装统信 UOS，虚拟机安装将影响系统性能，且激活虚拟机将视为激活第 2 台设备。

如果第 1 次激活系统，需要重装统信 UOS，请安装在同一硬盘下；重装在不同硬盘则需要再次激活，再次激活将视为激活第 2 台设备。

1.3　初识 Vue.js

◆ 1.3.1　前端技术的发展

前端又称 Web 前端，即网站前台部分，运行在 PC 端、移动端等浏览器上，展现浏览者看到的内容和页面。

前端开发是指前端开发工程师通过 HTML、CSS 及 JavaScript 以及衍生出来的各种技术、框架、解决方案等创建 Web 页面或 App 等前端界面并呈现给用户，实现与用户界面交互的过程。

随着软件开发十几年的发展，前端开发领域已经告别了野蛮生长的时期，表现出成熟化和现代化。前端技术的发展日新月异，每过一段时间就会出现新的框架、工具、插件，随着 HTML5、Node.js 的广泛应用，各类 UI 框架、JS 类库层出不穷，开发难度也在逐步提升。

1. 小前端时代

随着 JavaScript 的出现，前端开发进入小前端时代，由 HTML 为骨架、CSS 为外貌、JavaScript 为交互的搭配被正式固定下来。后来，随着 Ajax 技术的兴起，Web 由 1.0 时代迈入了 2.0 时代，Web 页面除了具有基础的内容展示功能外，还具备数据处理、动态效果、优秀的用户体验等功能。

2. 大前端时代

随着对前端动效、数据交互的需求量越来越强，jQuery 跨浏览器的工具库应运而生，它为 Web 带来了新的活力，使开发者能更方便地开发操作 DOM、数据交互、动态交互等行为，开发者的思路被进一步打开。后来，Google V8 引擎发布，随着 Node.js 的诞生，以及 React.js、Angular.js、Vue.js 等 MVVM 前端框架的出现，使前端真正实现了项目化应用。前端迎来了大前端时代,前端开发者也终于告别了"切图仔"的称谓,有了全新的称谓——大前端开发工程师。

1.3.2 什么是 Vue.js

Vue(读音:Vju:,类似于 View)是一套用于构建用户界面的渐进式框架,与其他大型框架相比,Vue 可以自底向上逐层应用。其他大型框架往往一开始就对项目的技术方案进行强制性的要求,而 Vue 更加灵活,开发者既可以选择使用 Vue 开发一个全新项目,也可以将 Vue 引入一个现有的项目。

Vue.js 的作者为 Evan You(尤雨溪),曾任职于 Google Creative Lab,虽然 Vue 是一个个人项目,但在发展前景上,笔者认为绝不逊于 Google 的 Angular.js 和 Facebook 的 React.js。Vue 的数据驱动是通过 MVVM(Model-View-ViewModel)模式实现的,其基本工作原理如图 1-30 所示。

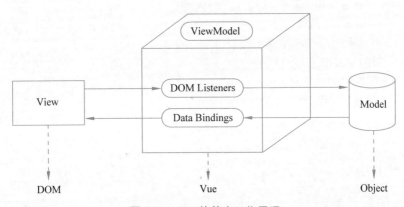

图 1-30　Vue 的基本工作原理

从图 1-30 中可以看出,MVVM 主要包含 3 部分,分别是 Model、View 和 ViewModel。MVVM 是 Model-View-ViewModel 的缩写,它是一种基于前端开发的架构模式,其核心是 ViewModel 层,ViewModel 层把 Model 层和 View 层的数据同步自动化了,从 View 层开始触发用户的操作,随着 View 层的数据变化,系统会自动修改 Model 层的数据,反之同理,这使得一方更新时可自动将数据传递到另一方,即所谓的双向数据绑定。

如图 1-30 所示,把其中的 DOM Listeners 和 Data Bindings 看作两个工具,它们是实现双向绑定的关键。当 View 层中的 DOM 元素和 Model 层中的数据绑定成功后,ViewModel 中的 DOM Listeners 会监测 View 层中 DOM 元素的变化,如果有变化,则 Model 层中的数据会进行同样的变化;反过来,当 Model 层中的数据更新时,Data Bindings 则会更新 View 层中的 DOM 元素。

下面通过示例进一步理解双向数据绑定。

【例 1-1】　理解双向数据绑定。

(1) 创建文件夹 chapter01,然后在该目录下创建文件 demo01.html,代码内容如下:

```
1    <!DOCTYPE html>
2    <html>
3    <head>
4        <meta charset="UTF-8">
5        <title>MVVM-实现双向数据绑定</title>
6    </head>
7    <body>
8    <div id="app">
9        MVVM-实现双向数据绑定
10       <hr>
11       {{msg}}
12       <br>
13       请输入您的姓名:<input type="text" v-model="msg" />
14   </div>
15   <script src="vue.global.js"></script>
16   <script>
17       /* 基于 vue3.0 实现 */
18       var app=Vue.createApp({
19           data(){
20               return {msg: '融创软通'}
21           }
22       });
23       app.mount("#app");
24   </script>
25   </body>
26   </html>
```

（2）打开浏览器,运行 demo01.html,运行结果如图 1-31 所示。

图 1-31 Vue 双向数据绑定——初始运行结果

（3）当输入框中的内容发生改变时,显示的内容也会随之改变,如图 1-32 所示。

图 1-32 Vue 双向数据绑定——数据随之改变

1.4　Vue 开发环境安装和配置

为了快速上手 Vue 项目开发,本节将对 Vue 的开发环境和常用工具进行讲解,并通过 Hello Vue.js 入门案例演示 Vue 的基本使用。

1.4.1　Vue 下载和引入

将 Vue.js 添加到项目中的方式主要有四种:
- 在页面上以 CDN 包的形式导入;
- 下载 Vue.js 文件,从页面直接引入;
- 使用 NPM 工具安装;
- 使用官方提供的 Vue-CLI(脚手架)构建项目。

1. 使用 CDN 引入方式

```
1    <script src="https://unpkg.com/vue@next"></script>
```

专家提示:

(1) 对于制作原型或学习,可以这样使用最新版本;

(2) 对于生产环境,推荐链接到一个明确的版本号和构建文件,以避免新版本造成的不可预期的破坏。

2. 下载并使用自托管方式

可以下载 Vue.js 文件并自行托管在服务器上,然后通过<script>标签引入,与使用 CDN 的方法类似。

这些文件可以在 https://unpkg.com/browse/vue@next/dist/或者 https://cdn.jsdelivr.net/npm/vue@next/dist/上浏览和下载。本书使用的 Vue 基于 3.2.31 版本。

当在 HTML 页面中使用 Vue 时,使用<script>标签引入 vue.global.js 即可,Vue 的引入类似于 jQuery。

```
1    <script src="路径/vue.global.js"></script>
```

3. 使用 npm 工具安装方式

在用 Vue 构建大型应用时,推荐使用 npm 安装,npm 能很好地和诸如 webpack 或 Rollup 等模块打包器配合使用。

```
1    #最新稳定版
2    $ npm install vue@next
```

4. 使用 Vue-CLI(Vue 脚手架)方式

Vue 提供了一个官方的 CLI,即单页面应用(SPA)快速搭建的脚手架,它为现代前端工作流提供了功能齐备的构建设置，只需要几分钟的时间就可以运行起来，并带有热重载、保存时 lint 校验，以及生产环境可用的构建版本。更多详情见后续章节。

```
1    npm install -g @vue/cli
```

1.4.2 Node.js 安装及环境配置

简单地说，Node.js 就是运行在服务端的 JavaScript。Node.js 是一个基于 Chrome V8 引擎的 JavaScript 运行环境。Node.js 使用了一个事件驱动、非阻塞式 I/O 的模型，使其轻量又高效。Node.js 的包管理器 npm 是全球最大的开源库生态系统。

下面带领大家一步一步地安装和配置 Node.js。

（1）打开 Node.js 官方网站，找到 Node.js，下载地址为 https://nodejs.org/zh-cn/download/，如图 1-33 所示。

图 1-33　Node.js 官网下载

（2）解压缩后进行安装，在统信 UOS 中，只需要将解压缩后的文件放置到特定的位置即可，例如/data/home/isoft91/program/node 文件夹中，其中，isoft91 为当前登录用户，program 和 node 均为自建文件夹。

（3）设置 Linux 环境下的环境变量。

将操作系统切换至开发者模式（图 1-34）。

- 使用 password 命令进行 root 账号。

　　命令：sudo passwd root。

图 1-34 开发者模式

- 使用 su 命令以及刚刚设置的新 root 密码进入 root 账号权限。
- 使用 edit 命令对/etc/profile 文件进行编辑,在文件末尾增加如图 1-35 所示的内容。

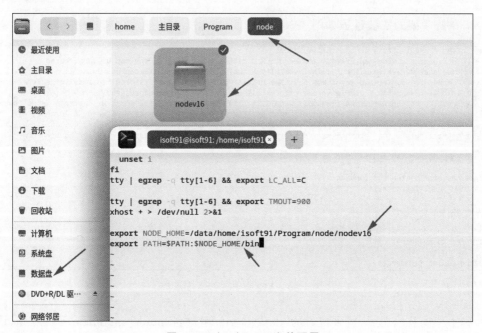

图 1-35 /etc/profile 文件配置

注意：edit 的使用请检索 vim 命令的使用方法。

● 使用 source/etc/profile 命令使配置生效（图 1-36）。

```
root@isoft91:/home/isoft91# source /etc/profile  ◄─────
root@isoft91:/home/isoft91# $PATH
bash: /usr/local/sbin:/usr/local/bin:/usr/sbin:/usr/bin:/sbin:/bin:/data/home/isoft91/Program/node/nodev16/bin
```

图 1-36　/etc/profile 文件生效

（4）安装完成后，打开终端，查看 Node.js 版本信息，如图 1-37 所示。

图 1-37　查看 Node.js 版本

如果不能查看版本信息，则需要配置环境变量。

（5）环境配置，进行 @VUE/CLI 平台的安装。

这里的环境配置，主要配置的是 npm 安装的全局模块所在的路径，以及缓存 cache 的路径。之所以要全局配置，是因为以后在执行类似 npm install express[-g]（后面的可选参数-g 代表 global（全局安装）的意思）的安装语句时，会将安装的模块默认安装到/data/home/isoft91/node_modules，内容将会占用很大空间，请提前预估平台所在的硬盘空间是否符合要求。

配置完成后，安装一个 module 测试一下，此处安装最常用的 express 模块，使用管理员身份打开 cmd 窗口，输入如下命令进行模块的全局安装。

```
1    npm install - g npm          #npm 版本升级，可根据提示操作
2    npm install express - g      #express 安装，-g 是全局安装的意思
3    npm install @vue/cli         #安装 Vue 脚手架
```

Vue 脚手架的安装过程如图 1-38 所示。

```
root@isoft91:/home/isoft91# npm install @vue/cli
npm WARN deprecated source-map-url@0.4.1: See https://github.com/lydell/source-map-url#deprecated
npm WARN deprecated resolve-url@0.2.1: https://github.com/lydell/resolve-url#deprecated
npm WARN deprecated source-map-resolve@0.5.3: See https://github.com/lydell/source-map-resolve#deprecated
npm WARN deprecated urix@0.1.0: Please see https://github.com/lydell/urix#deprecated
npm WARN deprecated subscriptions-transport-ws@0.11.0: The `subscriptions-transport-ws` package is no longer m
aintained. We recommend you use `graphql-ws` instead. For help migrating Apollo software to `graphql-ws`, see
https://www.apollographql.com/docs/apollo-server/data/subscriptions/#switching-from-subscriptions-transport-ws
    For general help using `graphql-ws`, see https://github.com/enisdenjo/graphql-ws/blob/master/README.md

added 849 packages, and audited 850 packages in 4m

64 packages are looking for funding
  run `npm fund` for details

5 vulnerabilities (2 moderate, 3 high)

Some issues need review, and may require choosing
a different dependency.

Run `npm audit` for details.
```

图 1-38　Vue 脚手架的安装过程

脚手架安装成功后，目录位置为/data/home/用户名/mode_modules/@vue/cli，请记住该目录所在位置，在后续开发中会用到（图 1-39）。

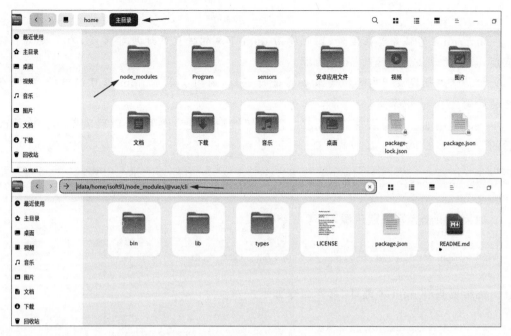

图 1-39　脚手架安装成功后所在目录

1.4.3　npm 包管理工具

npm 的全称为 Node Package Manager，它是 JavaScript 的包管理工具，并且是 Node.js 平台的默认包管理工具，通过 npm 可以安装、共享、分发代码，管理项目的依赖关系。

npm 工具主要提供以下 3 个功能：

（1）可从 npm 服务器下载别人编写的第三方包到本地使用；

（2）可从 npm 服务器下载并安装别人编写的命令行程序到本地使用；

（3）可将自己编写的包或命令行程序上传到 npm 服务器供别人使用。

其实可以把 npm 理解为前端的 Maven。通过 npm 可以很方便地安装、管理前端工程。最新版本的 Node.js 已经集成了 npm 工具，所以使用前必须在本机安装 Node.js。

npm 提供了快速操作包的命令，只需要使用简单的命令就可以很方便地对第三方包进行管理，表 1-2 列举了 npm 中的常用命令。

表 1-2　npm 常用命令

命　　令	说　　明
npm install	安装项目所需的全部包，需要配置 package.json 文件
npm uninstall	卸载指定名称的包
npm install 包名	安装指定名称的包，后面可以跟参数-g，表示全局安装；--save 表示本地安装
npm update	更新指定名称的包
npm start	项目启动
npm run build	项目构建

多学一招：

由于 npm 的服务器在国外，因此使用 npm 下载软件包的速度非常慢，为了提高下载速度，最好的方法就是修改 npm 的源。

推荐读者切换成国内的镜像服务器进行下载，国内有很多 npm 源可以选择，比较有名的是淘宝 npm 镜像。

下面使用如下命令修改全局 npm 配置，切换到淘宝镜像下载，以后就都会使用修改后的源了。

```
1    npm config set registry https://registry.npm.taobao.org
```

如果要重置为官方默认源，参考命令如下：

```
1    npm config set registry https://registry.npmjs.org/
```

如果要查看 npm 源地址，参考命令如下：

```
1    npm config get registry
```

如果是临时使用，可在 npm install XXX 时加入--registry URL，不会影响到本地配置，参考命令如下：

```
1    npm --registry https://registry.npm.taobao.org install express
```

◆ 1.4.4　Vue 入门程序——Hello Vue.js

刚开始学习 Vue 时，不推荐使用 vue-cli 命令行工具创建项目，更简单的方式是直接在页面中引入 vue.global.js 文件进行测试。

Vue3 中的应用是通过使用 createApp 函数创建的，语法格式如下：

```
1    const app = Vue.createApp({ /* 选项 */ })
```

传递给 createApp 的选项用于配置根组件。在使用 mount() 挂载应用时，该组件被用作渲染的起点。

```
1    Vue.createApp(HelloVueApp).mount('#hello-vue')
```

createApp 的参数是根组件（HelloVueApp），在挂载应用时，该组件是渲染的起点。

一个应用需要被挂载到一个 DOM 元素中，以上代码使用 mount('#hello-vue') 将 Vue 应用 HelloVueApp 挂载到了<div id="hello-vue"></div>中。

下面使用 Vue 在页面中输出 Hello Vue.js，开启第一个 Vue 体验之旅，如例 1-2 所示。

【例 1-2】 Vue 入门程序——Hello Vue.js。

(1) 创建 chapter01/demo03.html 文件,参考代码如下:

```
1   <!DOCTYPE html>
2   <html>
3   <head>
4       <meta charset="UTF-8">
5       <title>Vue3 Hello Vue.js 案例</title>
6       <script type="text/javascript" src="vue.global.js"></script>
7   </head>
8   <body>
9   <div id="hello-vue" class="demo">
10      {{ message }}
11  </div>
12  <script>
13      const HelloVueApp = {
14          data() {
15              return {
16                  message: 'Hello Vue.js'
17              }
18          }
19      }
20      Vue.createApp(HelloVueApp).mount('#hello-vue')
21  </script>
22  </body>
23  </html>
```

data 选项是一个函数。Vue 在创建新组件实例的过程中会调用此函数,它应该返回一个对象,然后 Vue 会通过响应性系统将其包裹起来,并以 $data 的形式存储在组件实例中。

以上实例属性仅在实例首次创建时被添加,所以需要确保它们都在 data 函数返回的对象中。

上述代码中,第 6 行引入了 vue.global.js 核心文件。引入后,第 20 行使用 createApp 函数创建 Vue 实例。第 20 行的 mount 函数实现了组件挂载。

第 14 行的 data 用来返回要用到的数据。

第 15 行设置了返回值 msg 为 Hello Vue.js。

第 10 行通过 Vue 提供的"{{}}"插值表达式把 data 数据渲染到页面。

(2) 通过浏览器访问 demo03.html,运行结果如图 1-40 所示。

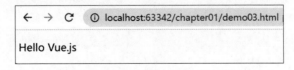

图 1-40 输出 Hello Vue.js

专家提示：初学 Vue 的学生一定要注意，要确定使用的 Vue 是 Vue2 还是 Vue3，Vue2 和 Vue3 的语法差别很大。

知识扩展：如果绑定的数据是 json 数据，该如何实现呢？参考代码如下：

```
1    <div id="hello-vue" class="demo">
2        <p>{{list[1].msg}}</p>
3    </div>
4    <script>
5        const HelloVueApp = {
6            data() {
7                return {list: [{msg: "Hello Vue.js"}, {msg: "Hello World!"}]}
8            }
9        }
10       Vue.createApp(HelloVueApp).mount('#hello-vue')
11   </script>
```

1.5 使用 WebStorm 创建 Vue 项目

WebStorm 是 JetBrains 公司旗下的一款 JavaScript 开发工具，已经被广大中国 JavaScript 开发者誉为"Web 前端开发神器""最强大的 HTML5 编辑器""最智能的 JavaScript IDE"等。WebStorm 与 IntelliJ IDEA 同源，继承了 IntelliJ IDEA 强大的 JavaScript 部分的功能。本节使用 WebStorm 讲解如何在统信 UOS 环境下创建和运行 Vue 项目。

（1）安装 WebStorm。

在统信 UOS 的应用商店中查找适用于统信 UOS 的 WebStorm 版本。

注意：该版本为正式官方版本，需要购买正版授权或通过学生身份获取教育授权方可使用，请安装完毕后需及时进行认证（认证过程请查阅网上相关资料）（图 1-41）。

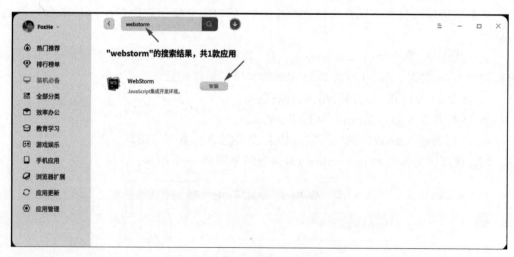

图 1-41　在应用商店中安装开发环境

（2）安装、打开 WebStorm 开发工具，新建 Vue.js 工程，请注意项目创建位置，为了方便管理，应尽量固定为专属的项目位置，例如/data/home/用户名/Program/project 文件夹，如图 1-42 所示。

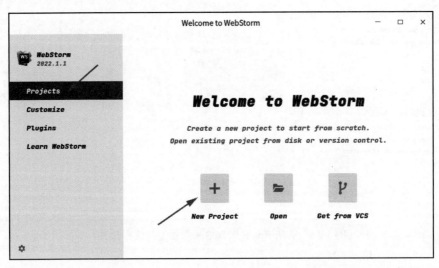

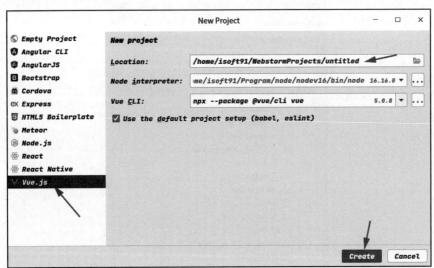

图 1-42　新建 Vue.js 工程

注意：首次创建 Vue 项目时，系统会自动找到平台已安装的 Node.js 位置以及安装好的@vue/cli 组件，同时，在系统创建环节需要确认下载所用的镜像位置以加快组件的加载；在此环节，输入"Y"即可，如图 1-43 所示。

等待加载完毕，在 Console 中出现 Done，即可看到工程目录结构，如图 1-44 所示。

（3）单击【运行】按钮启动运行，如图 1-45 所示。

（4）启动运行，如图 1-46 所示。

提示：环境配置步骤和方式不止这一种，可以根据自身理解进行测试。

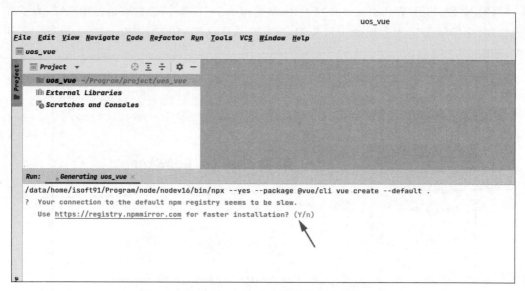

图 1-43　确认 Vue.js 工程中依赖的加载镜像位置

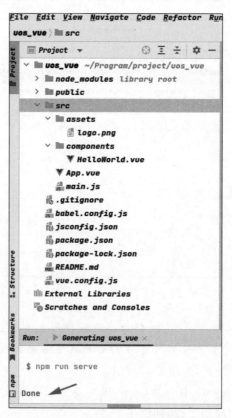

图 1-44　创建工程的目录结构

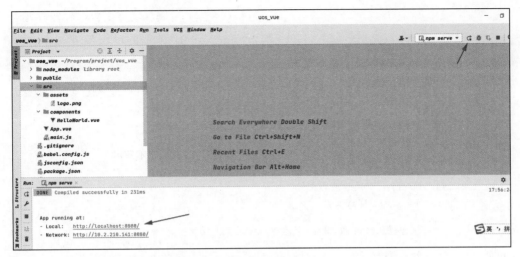

图 1-45 运 行

图 1-46 启动运行成功

1.6 解读 Vue 项目文件目录结构

利用 WebStorm 工具可以快速搭建一个 Vue 项目,搭建完成后可以看到生成的文件夹中包含的文件。

下面介绍 Vue 项目的目录结构,如表 1-3 所示。

表 1-3 Vue 项目的目录结构

目录/文件	说　　　明
build	项目构建(webpack)相关代码
config	配置目录,包括端口号等。初学可以使用默认的

续表

目录/文件	说　明
node_modules	npm 加载的项目依赖模块
src	这里是要开发的目录,要做的事情基本上都在这个目录中。其中包含几个目录及文件: assets:放置一些图片,如 logo 等 components:目录中放置了一个组件文件,可以不用 App.vue:项目入口文件,可以直接将组件写在这里,而不使用 components:目录 main.js:项目的核心文件 index.css:样式文件
static	静态资源目录,如图片、字体等
public	公共资源目录
test	初始测试目录,可删除
.xxxx 文件	一些配置文件,包括语法配置、git 配置等
index.html	首页入口文件,可以添加一些 meta 信息或统计代码
package.json	项目配置文件
README.md	项目的说明文档,markdown 格式
dist	使用 npm run build 命令打包后会生成该目录

1.7 综合案例——实现简单逻辑计算器

【例 1-3】　实现简单逻辑计算器。

```
1    <!DOCTYPE html>
2    <html>
3    <head>
4        <meta charset="utf-8">
5        <meta name="viewport" content="width=device-width,initial-scale=1.0">
6        <title>实现简单计算器</title>
7        <!--cdn 引入 LayUI 样式-->
8        <link rel="stylesheet"
9    href="https://www.layuicdn.com/layui/css/layui.css">
10   </head>
11   <body>
12   <div id="app" style="margin: 50px">
13       <div class="layui-card" style="width: 350px" align="center">
14           <div class="layui-card-header layui-bg-gray">
15               <h3>简单计算器</h3>
```

```
16              </div>
17              <div class="layui-card-body">
18                  <input type="text" class="layui-input" placeholder="请输入
19      第一个数" v-model="firstNum"><br>
20                  <input type="text" class="layui-input" placeholder="请输入
21      第二个数" v-model="secondNum"><br>
22                  <p>结果:{{ result }}</p><br>
23                  <a href="javascript:void(0)" class="layui-btn
24      layui-btn-danger" @click="add()">加</a>
25                  <a href="javascript:void(0)" class="layui-btn
26      layui-btn-danger" @click="sub()">减</a>
27                  <a href="javascript:void(0)" class="layui-btn
28      layui-btn-danger" @click="mul()">乘</a>
29                  <a href="javascript:void(0)" class="layui-btn
30      layui-btn-danger" @click="div()">除</a>
31              </div>
32          </div>
33      </div>
34      <script type="text/javascript" src="vue.global.js"></script>
35      <script type="text/javascript">
36          var app = Vue.createApp({
37              data(){
38                  return{
39                      result:0
40                  }
41              },
42              methods: {
43                  add: function () {
44                      this.result = parseFloat(this.firstNum) +
45      parseFloat(this.secondNum)
46                  },
47                  sub: function () {
48                      this.result = parseFloat(this.firstNum) -
49      parseFloat(this.secondNum)
50                  },
51                  mul: function () {
52                      this.result = parseFloat(this.firstNum) *
53      parseFloat(this.secondNum)
54                  },
55                  div: function () {
56                      this.result = parseFloat(this.firstNum) /
57      parseFloat(this.secondNum)
58                  }
59              }
```

```
60          });
61          app.mount("#app");
62      </script>
63  </body>
64  </html>
```

上述代码在组件中使用 methods 选项添加了 4 个方法，methods 选项包含所需方法的对象，最终效果如图 1-47 所示。

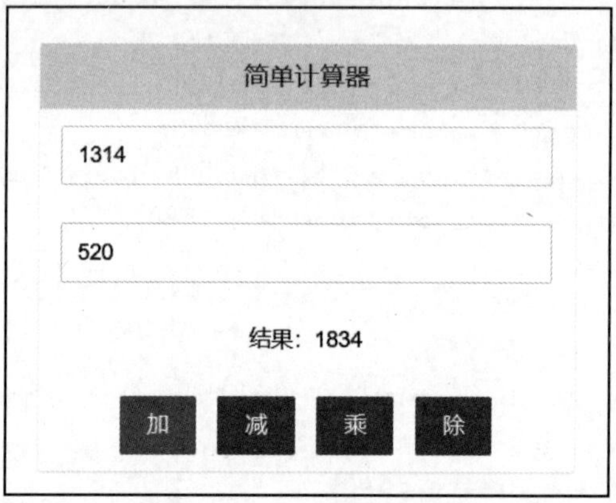

图 1-47　简单逻辑计算器

为了使页面美观，本例引用了 LayUI 样式。个人认为，前端的一些框架技术都是相通的，学习一门语言或者框架并不是为了学习它的技术，最重要的是学习它的思维，只有思维层面得到了延伸，学习其他技术时才会得心应手。Vue 带给我们一种解决问题的新思维。

随着 JavaScript 和浏览器的不断发展，基于 Web 应用程序的系统开发提供了良好的性能支持和运行环境基础。相信随着前端技术的发展，以及不断更新迭代的 Web 程序集，这些技术将为用户提供前所未有且越来越强大的解决方案。

本章小结

本章主要讲解了统信 UOS 的安装过程，统信 UOS 基于 Linux 进行开发，使用了统一的应用商店模式，提升了平台的稳定性及安全性，在后续的开发中，本书将使用该操作系统作为开发平台，后续还会在该系统上安装 Node.js 以及 WebStorm、HBuilder、VSCode 等前端开发工具，并进行 Vue 开发环境的搭建、使用 Vue CLI 创建 Vue 项目等。通过本章的学习，读者可以根据流程完成平台的搭建，通过对系统的使用构建对 Linux 的整体认识，能够使用该平台完成日常的主要工作，并习惯使用该平台进行后续的学习。

经典面试题

1. 简述什么是统信 UOS。
2. 简述统信 UOS 与 Deepin 之间的关系。
3. 简述国家信息安全的重要意义。
4. 统信 UOS 有哪些安装方式？如何在统信 UOS 上安装软件？
5. 统信 UOS 的激活需要注意哪些问题？
6. 简述什么是 Vue，并列举 Vue 有哪些优势。

上机练习

1. 下载统信 UOS 所需的 ISO 包，安装、配置平台环境。
2. 申请测试账号并成功激活统信 UOS 家庭版。
3. 使用统信 UOS 安装 WebStorm 软件，并完成 1.7 节描述的案例。

第 2 章　Vue 实例、数据绑定及指令

Vue 是一个 MVVM 框架,即数据的双向绑定。使用 Vue 不仅能改善前端的开发体验,让前端开发更加规范化、系统化,还能极大提高开发效率。同时,Vue 还具有强大的计算能力。本章将对 Vue 的基础知识进行讲解,内容包括 Vue 模板语法、数据绑定、常用的内置指令等。

本章要点

- 掌握 Vue 实例的创建方法
- 掌握在 Vue 中进行数据绑定的方法
- 掌握 Vue 常用的内置指令

励志小贴士

不怕你迈的步子太小,只怕你停滞不前;不怕你做的事太少,只怕你无所事事。任何收获都不是偶然和巧合,而是日复一日的付出和努力换来的。今天一点一滴的进步,终会塑造一个与众不同的你。

2.1　Vue 实例

在使用 Vue.js 时，都是通过构造函数 Vue() 创建一个 Vue 的根实例的，每个 new Vue() 都是一个 Vue 构造函数的实例，这个过程叫作函数的实例化。本节将针对 Vue 实例的使用方法进行详细讲解。

2.1.1　创建 Vue 实例

创建 Vue 实例的基本代码如下：

```
1    <div id="app">{{msg}}</div>
2    <script src="vue.js"></script>
3    <script>
4        const vm = Vue.createApp({
5        })
6        vm.mount('#app')
7    </script>
```

在上述代码中，第 3 行用于对 Vue 实例进行配置。Vue 的构造器要求在实例化时传入一个选项对象，选项对象包括挂载元素（el）、数据（data）、方法（methods）、模板（tamplate）、生命周期钩子函数等选项。常用的选项如表 2-1 所示。

表 2-1　Vue 实例配置选项

选　　项	说　　明
el	一个在页面上已存在的 DOM 元素作为 Vue 实例的挂载目标
data	Vue 实例数据对象
methods	定义 Vue 实例中的方法
components	定义子组件
computed	计算属性
filters	过滤器
watch	监听数据变化

对于表 2-1 中列举的这些选项，下面将一一进行详细讲解。

2.1.2　el 参数

在创建 Vue 实例时，需要提供一个在页面上已存在的 DOM 元素作为 Vue 实例的挂载目标。可以是 CSS 选择器，也可以是一个 HTML Element 实例。在挂载实例之后，元素可以用 vm.$el 访问。

为了让读者更好地理解，下面通过例 2-1 进行演示。

【例 2-1】　el 参数的使用。

（1）创建文件夹 chapter02，在该目录下创建 demo01.html 文件，将 vue.js 文件放入该目录，然后在 demo01.html 文件中引入 vue.js 文件，最后在 demo01.html 文件中编写代码，创建 vm 实例对象，具体代码如下：

```html
1   <!DOCTYPE html>
2   <html lang="zh">
3   <head>
4       <meta charset="UTF-8">
5       <title>实例化 Vue 对象</title>
6   </head>
7   <body>
8   <!--定义唯一根元素 div -->
9   <div id="app">{{msg}}</div>
10  <script src="vue.js"></script>
11  <script>
12      const data = {
13          msg: 'Vue 实例创建成功！'
14      }
15      const vm = Vue.createApp({
16          data() {
17              return data
18          }
19      })
20      vm.mount('#app')
21  </script>
22  </body>
23  </html>
```

（2）在浏览器中打开 demo01.html 文件，运行结果如图 2-1 所示。

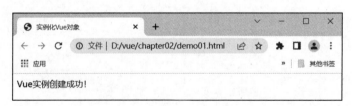

图 2-1　创建 Vue 实例的运行结果

代码解析：整个 div 标签中的是一个模板语法，"{{}}"中的 property 是一个模板变量或模板表达式；创建 Vue 实例时，在构造方法中，el 对应 div 标签的 id 选择器，name 是 data 对象中的一个属性，并且和 div 标签中的{{name}}对应。

◆ 2.1.3　data 数据对象

data 是 Vue 实例的数据对象。Vue 会递归地把 data 的 property 转换为 getter/

setter，从而让 data 的 property 能够响应数据变化。对象必须是纯粹的对象(含有零个或多个 key/value 对)；对于浏览器 API 创建的原生对象，原型上的 property 会被忽略。大概来说，data 应该只能是数据。

Vue 实例创建之后，可以通过实例对象.＄data 访问原始数据对象。Vue 实例也代理了 data 对象上的所有属性，因此访问实例对象.name 相当于访问实例对象.＄data.name。

为了使读者更好地理解，下面通过修改例 2-1 的代码进行演示。

【例 2-2】　data 数据对象的使用。

(1) 创建 chapter02/demo02.html 文件，具体代码如下：

```
1    <!DOCTYPE html>
2    <html lang="zh">
3    <head>
4        <meta charset="UTF-8">
5        <title>实例化 Vue 对象</title>
6    </head>
7    <body>
8    <!--定义唯一根元素 div -->
9    <div id="app">{{msg}}</div>
10   <script src="vue.js"></script>
11   <script>
12       const data = {
13           data : '定义数据',
14           msg: 'Vue 实例创建成功！'
15       }
16       const vm = Vue.createApp({
17           data() {
18               return data
19           }
20       })
21       const app = vm.mount('#app')
22       console.log(app.$data)
23       console.log(app.data)
24       console.log(app.msg)
25   </script>
26   </body>
27   </html>
```

(2) 在浏览器中打开 demo02.html，运行结果如图 2-2 所示。

◆ **2.1.4　methods 实例方法**

methods 将混入 Vue 实例。可以直接通过 VM 实例访问这些方法。方法中的 this 自动绑定为 Vue 实例。定义在 methods 属性中的方法可以作为页面中的事件处理方法使用。当事件触发后，会执行相应的事件处理方法。

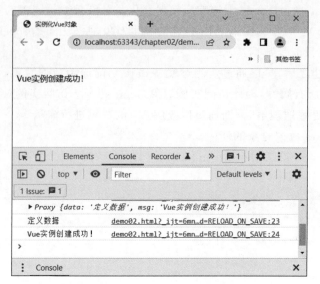

图 2-2　定义初始数据的运行结果

下面通过例 2-3 进行演示，实现单击按钮更新页面内容的功能。

【例 2-3】　method 实例方法的使用。

（1）创建 chapter02/demo03.html 文件，具体代码如下：

```
1    <!DOCTYPE html>
2    <html lang="zh">
3    <head>
4        <meta charset="UTF-8">
5        <title>实例化 Vue 对象</title>
6    </head>
7    <body>
8    <div id="app">
9        <p>{{a}}</p>
10       <!--为按钮绑定单击事件 -->
11       <button @click="plus">单击+1</button>
12   </div>
13   <script src="vue.js"></script>
14   <script>
15       const data = {
16           a : 0
17       }
18       const vm = Vue.createApp({
19           data() {
20               return data
21           },
22           methods: {
```

```
23              plus: function () {
24                  this.a++
25              }
26          }
27      })
28      vm.mount('#app')
29  </script>
30  </body>
31  </html>
```

上述代码中，第 11 行在 button 按钮上添加了@click 属性，表示绑定单击事件，事件处理方法为 plus；第 23~25 行定义了事件处理方法 plus，用于改变 a 的内容。

（2）在浏览器中打开 demo03.html，运行结果如图 2-3 所示。单击页面中的【点击＋1】按钮，运行结果如图 2-4 所示。

图 2-3　初始页面

图 2-4　触发单击事件

注意：不应使用箭头函数定义 method 函数（例如 plus：()＝＞this.a＋＋），理由是箭头函数绑定了父级作用域的上下文，所以 this 将不会按照期望指向 Vue 实例，this.a 将是 undefined。

2.1.5　computed 属性

Vue 提供了一种更便捷的方式以观察和响应 Vue 实例上的数据变动——computed 属性，只要 data 中的数据发生变化，computed 就会同步改变。计算属性的结果会被缓存下来,除非依赖的响应式 property 变化才会重新计算。

注意:如果某个依赖(例如非响应式 property)在该实例范畴之外,则计算属性是不会被更新的。引用计算属性时不要加"()",应当作普通属性使用,例如 console.log(this.computedName)。

下面通过例 2-4 演示 computed 属性的使用。

【例 2-4】 computed 属性的使用。

(1) 创建 chapter02/demo04.html 文件,具体代码如下:

```
1   <!DOCTYPE html>
2   <html lang="zh">
3   <head>
4       <meta charset="UTF-8">
5       <title>实例化 Vue 对象</title>
6   </head>
7   <body>
8   <div id="app">
9       <p>总价格:{{totalPrice}}</p>
10      <p>单价:{{price}}</p>
11      <p>数量:{{num}}</p>
12      <div>
13          <button @click="num==0?0:num--">减少数量</button>
14          <button @click="num++">增加数量</button>
15      </div>
16  </div>
17  <script src="vue.js"></script>
18  <script>
19      const vm = Vue.createApp({
20          data(){
21              return {
22                  price: 20,
23                  num: 0
24              }
25          },
26          computed: {
27              //总价格 totalPrice
28              totalPrice() {
29                  return this.price * this.num
30              }
31          }
32      })
33      vm.mount('#app')
34  </script>
35  </body>
36  </html>
```

上述代码中,第 9 行的 totalPrice 表示商品总价格,总价格是根据商品数量和单价自动计算出来的;第 28 行在 computed 中编写了总价格处理方法 totalPrice,其返回值就是根据商品数量和商品单价相乘计算出的总价格。

(2) 在浏览器中打开 demo04.html,运行结果如图 2-5 所示。在图 2-5 中,默认商品数量为 0 件,总价格为 0 元。单击"增加数量"按钮时,商品数量加 1,总价格会在当前价格的基础上增加 20;单击"减少数量"按钮时,商品数量减 1,总价格会在当前价格的基础上减少 20,如图 2-6 所示。

图 2-5 运行结果

图 2-6 总价格随商品数量改变而改变

2.1.6 watch 状态监听

Vue 中的事件处理方法是根据用户所需自行定义的,它可以通过单击事件、键盘事件等触发条件触发,但不能自动监听当前 Vue 实例中 data 的数据变化。为了解决上述问题,在 Vue 中使用 watch 响应数据的变化。下面通过例 2-5 演示 watch 状态监听功能的使用。

【例 2-5】 watch 状态监听功能的使用。

(1) 创建 chapter02/demo05.html 文件,具体代码如下:

```
1    <!DOCTYPE html>
2    <html lang="zh">
3    <head>
4        <meta charset="UTF-8">
5        <title>实例化 Vue 对象</title>
6    </head>
7    <body>
8    <div id="app">
9        <p>name: {{name}}, address: {{info.addr}}, mobile: {{info.mobile}}</p>
10       <p>name: <input type="text" v-model="name" /><p>
11       <p>address: <input type="text" v-model="info.addr" />--mobile:
    <input type="text" v-model="info.mobile" /><p>
12   </div>
13   <script src="vue.js"></script>
14   <script>
15       const data = {
16           name: '张三',
17           info: {
18               addr: '天津市',
19               mobile: '13389071245'
20           }
21       }
22       const vm = Vue.createApp({
23           data() {
24               return data
25           },
26           watch: {
27               name: function(newVal, oldVal) {
28                   console.log(`newVal:%s, oldVal: %s`, newVal, oldVal);
29               },
30               info: {
31                   handler(newVal,oldVal){
32                       console.log(`new: ${newVal}, old: ${oldVal}`);
33                   },
34                   deep:true
35               }
36           }
37       })
38       const app = vm.mount('#app')
39   </script>
40   </body>
41   </html>
```

（2）在浏览器中打开 demo05.html 文件，运行结果如图 2-7 所示。

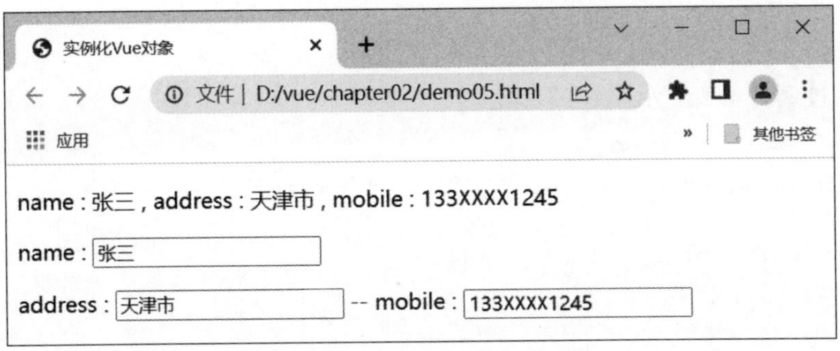

图 2-7　初始页面

（3）打开控制台，修改表单中的内容，运行结果如图 2-8 所示。

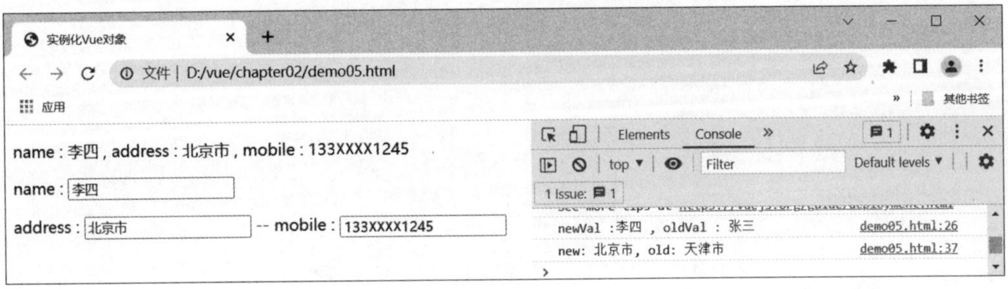

图 2-8　watch 监听变化

从图 2-8 可以看出，watch 成功监听了表单元素中的内容变化。

代码解析：代码中，data 中的数据 name 为普通变量属性，info 为对象属性，对普通变量数据可以直接监听其数据变化，如第 27～29 行；但是如果需要监听的数据是对象内的某一属性值的变化，直接 watch 对象 info 是检测不到变化的，这是因为 info 这个对象的指向并没有发生改变，可以增加设置 deep 属性为 true，这样的话，如果修改了这个 info 中的任何一个属性，则都会执行 handler 这个方法，如第 31～34 行。不过，这样会造成更多的性能开销，尤其是在对象中的属性过多、结构嵌套过深的时候。而有时候我们只想关心这个对象中的某个特定属性，这时可以用字符串表示对象的属性调用，如下所示：

```
1    'info.addr'(newVal,oldVal){
2        console.log(`new: ${newVal}, old: ${oldVal}`);
3    }
```

2.2　Vue 数据绑定

Vue 中的数据绑定功能极大地提高了开发效率。Vue 的工作原理是当把一个普通的 JavaScript 对象传给 Vue 实例的 data 选项时，Vue 会遍历此对象的所有属性，在属性被访问和修改时通知变化，并把数据渲染进 DOM。

◆ 2.2.1 属性绑定

下面通过例 2-6 来演示属性的绑定。

【例 2-6】 属性的绑定。

（1）创建 chapter02/demo06.html 文件，具体代码如下：

```html
1    <!DOCTYPE html>
2    <html lang="zh">
3    <head>
4        <meta charset="UTF-8">
5        <title>属性绑定</title>
6        <style>
7            .redstyle {
8                color: red ;
9                font-size: 16px;
10           }
11       </style>
12   </head>
13   <body>
14   <div id="app">
15       <p><a v-bind:href="link">91isoft</a></p>
16       <p><a:href="link">91isoft</a></p>
17       <p v-bind:class="clsName">这是一个段落<p>
18   </div>
19   <script src="vue.js"></script>
20   <script>
21       const data = {
22           link: 'http://www.91isoft.com',
23           clsName: 'redstyle'
24       }
25       const vm = Vue.createApp({
26           data() {
27               return data
28           },
29       })
30       const app = vm.mount('#app')
31   </script>
32   </body>
33   </html>
```

（2）在浏览器中打开 demo06.html，运行结果如图 2-9 所示。

代码解析：绑定属性使用 v-bind，完整语法为"v-bind:属性名='绑定变量'"，如第 15 行，Vue 官方提供了一个简写方式，就是"：属性名='绑定变量'"，如第 16 行。第 17 行实现了动态绑定 CSS 样式。

图 2-9　属性绑定的运行结果

2.2.2　双向数据绑定

Vue 是一个 MVVM 框架,即双向数据绑定,当数据发生变化时,视图也会随之发生变化,当视图发生变化时,数据也会同步变化。

下面通过例 2-7 演示属性的绑定。

【例 2-7】　属性的绑定。

（1）创建 chapter02/demo07.html 文件,具体代码如下:

```
1    <!DOCTYPE html>
2    <html lang="zh">
3    <head>
4        <meta charset="UTF-8">
5        <title>双向数据绑定</title>
6        <style>
7            .redstyle {
8                color: red ;
9                font-size: 16px;
10           }
11       </style>
12   </head>
13   <body>
14   <div id="app">
15       <p>{{msg}}: <input type="text" v-model="msg"/></p>
16   </div>
17   <script src="vue.js"></script>
18   <script>
19       const vm = Vue.createApp({
20           data() {
21               return {
22                   msg: ''
23               }
24           },
25       })
```

```
26          const app = vm.mount('#app')
27     </script>
28     </body>
29     </html>
```

（2）在浏览器中打开 demo07.html 文件，运行结果如图 2-10 所示。在输入框输入内容后，输入框前面的信息也随之改变，如图 2-11 所示。

图 2-10 初始运行结果

图 2-11 输入内容后的运行结果

代码解析：第 15 行使用模板语法"｛｛ ｝｝"将数据渲染到 DOM；在＜input＞标签内，使用 v-model 实现数据的双向绑定。

2.3 Vue 指令

Vue 指令（Directives）是带有 v-前缀的特殊 attribute。指令 attribute 的值预期是单个 JavaScript 表达式（v-for 是例外情况）。指令的职责是：当表达式的值改变时，将其产生的连带影响响应式地作用于 DOM。通过内置指令就可以用简洁的代码实现复杂的功能。常用的内置指令如表 2-2 所示。

表 2-2 常用的内置指令

指　　令	说　　明	指　　令	说　　明
v-model	双向数据绑定	v-html	插入包含 HTML 的内容
v-on	监听事件	v-for	列表渲染
v-bind	单向数据绑定	v-if	条件渲染
v-text	插入文本内容	v-show	显示隐藏

Vue 的内置指令书写规则为以 v 开头,后缀用来区分指令的功能,且通过连字符连接。指令必须写在 DOM 元素上。另外,内置指令还可以使用简写方式,例如 v-on:click 可以简写为@click,v-bind:style 可以简写为:style。

```
1    <form v-on:submit.prevent="onSubmit">...</form>
2    const vm = Vue.createApp({
3            methods: {
4                    onSubmit: function () {
5                            console.log('表单验证')
6                    }
7            }
8    })
9    const app = vm.mount('#app')
```

指令修饰符(modifier)是以半角句号"."指明的特殊后缀,用于指出一个指令应该以特殊方式绑定。例如,.prevent 修饰符告诉 v-on 指令对于触发的事件调用 event.preventDefault()。

下面具体讲解 Vue 的指令在开发中的使用方法。

2.3.1 v-model

v-model 通常用于在表单元素上创建双向数据绑定,根据控件类型,v-model 能够自动选取正确的方法更新元素。下面通过例 2-8 进行演示。

【例 2-8】 v-model 的使用。

(1) 创建 chapter02/demo08.html 文件,具体代码如下:

```
1    <!DOCTYPE html>
2    <html lang="zh">
3    <head>
4        <meta charset="UTF-8">
5        <title>v-model 双向绑定</title>
6        <script src="vue.js"></script>
7    </head>
8    <body>
9    <div id="app">
10       <p>表单数据双向绑定</p>
11       <form>
12           <p>文本 <input type="text" v-model="inputText"
     placeholder="edit me" />--{{inputText}} </p>
13           <p>多行文本 <textarea
     v-model="textArea"></textarea>--{{textArea}}</p>
14           <p>单选
15               <input type="radio" id="one" value="One" v-model="picked">
```

```
16              <label for="one">One</label>
17              <input type="radio" id="two" value="Two" v-model="picked">
18              <label for="two">Two</label>--
19              <span>Picked: {{ picked }}</span>
20          </p>
21          <p>复选--绑定到一个数组
22              <input type="checkbox" id="jack" value="Jack"
    v-model="checkedNames">
23              <label for="jack">Jack</label>
24              <input type="checkbox" id="john" value="John"
    v-model="checkedNames">
25              <label for="john">John</label>
26              <input type="checkbox" id="mike" value="Mike"
    v-model="checkedNames">
27              <label for="mike">Mike</label>--
                <span>Checked names: {{checkedNames }}</span>
28          </p>
29          <p>下拉菜单
30              <select v-model="selected">
31                  <option disabled value="">请选择</option>
32                  <option>A</option>
33                  <option>B</option>
34                  <option>C</option>
35              </select>
36              <span>Selected: {{ selected }}</span>
37          </p>
38          <p>下拉列表--绑定到一个数组
39                  <select v-model="selected2" multiple style="width: 50px;">
40                      <option>A</option>
41                      <option>B</option>
42                      <option>C</option>
43                      <option>D</option>
44                      <option>E</option>
45                  </select>
46                  <span>Selected: {{ selected2 }}</span>
47          </p>
48          <p>修饰符 lazy
49                  <input v-model.lazy="inputV"/>--{{inputV}}
50          </p>
51          </form>
52  </div>
53  <script>
54      const data = {
```

```
55              inputText: '',
56              textArea: '',
57              picked: '',
58              checkedNames: [],           //复选框注意绑定数组变量
59              selected: '',
60              selected2: [],
61              inputV: ''
62          }
63      const vm = Vue.createApp({
64          data() {
65              return data
66          },
67      })
68      const app = vm.mount('#app')
69  </script>
70  </body>
71  </html>
```

上述代码中，使用 v-model 分别为 input、textarea、radio、checkbox、select 绑定了数据，其中，为 checkbox 和 select 多选绑定数据时需要绑定数组，如第 59、61 行。

（2）在浏览器中打开 demo08.html，运行结果如图 2-12 所示。

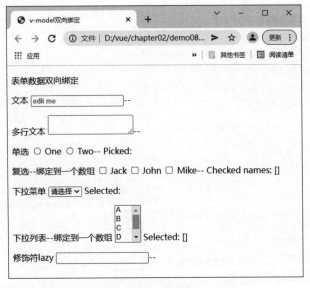

图 2-12　运行结果

（3）完成表单输入和选择，结果如图 2-13 所示。

（4）如果修改输入内容，则绑定的数据值也会随之改变。代码第 49 行用到了修饰 lazy，表示数据的值在输入结束后才会发生改变。

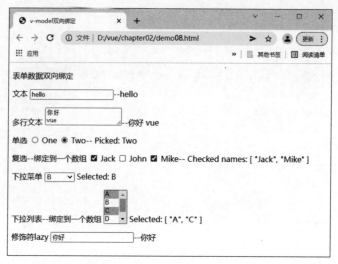

图 2-13　v-model 指令

2.3.2　v-text

v-text 是在 DOM 元素内部插入的文本内容，下面通过例 2-9 进行演示。

【例 2-9】　v-text 的使用。

（1）创建 chapter02/demo09.html 文件，具体代码如下：

```
1    <!DOCTYPE html>
2    <html lang="zh">
3    <head>
4        <meta charset="UTF-8">
5        <title>v-text 数据绑定</title>
6        <script src="vue.js"></script>
7    </head>
8    <body>
9    <div id="app">
10       <p v-text="msg"></p>
11   </div>
12   <script>
13       const vm = Vue.createApp({
14           data() {
15               return {
16                   msg: '数据绑定'
17               }
18           },
19       })
20       const app = vm.mount('#app')
21   </script>
22   </body>
23   </html>
```

（2）在浏览器中打开 demo09.html 文件，运行结果如图 2-14 所示。

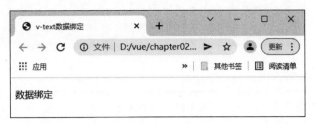

图 2-14　v-text 指令

在图 2-14 中，运行结果为"数据绑定"，说明 v-text 成功绑定了 msg 数据信息。

2.3.3　v-html

使用双大括号或者 v-text 可以插入文本，如果想要输出真正的 HTML，则需要使用 v-html 指令，下面通过例 2-10 进行演示。

【例 2-10】　v-html 的使用。

（1）创建 chapter02/demo10.html 文件，具体代码如下：

```
1    <!DOCTYPE html>
2    <html lang="zh">
3    <head>
4        <meta charset="UTF-8">
5        <title>v-html 内容显示</title>
6        <script src="vue.js"></script>
7    </head>
8    <body>
9    <div id="app">
10       <div v-html="msg"></div>
11   </div>
12   <script>
13       const vm = Vue.createApp({
14          data() {
15             return {
16                 msg: '<h3>你好<b style="color:red">VUE</b></h3>'
17             }
18          },
19       })
20       const app = vm.mount('#app')
21   </script>
22   </body>
23   </html>
```

（2）在浏览器中打开 demo10.html 文件，运行结果如图 2-15 所示。

图 2-15　v-html 指令

在图 2-15 中,运行结果将内容显示为标题,并且"VUE"字样红色加粗显示,说明 v-html 成功显示了 html 信息的数据。〗

2.3.4　v-bind

v-model 主要用于在表单控件元素上创建双向数据绑定。v-bind 主要用于属性绑定,Vue 官方提供了一个简写形式":bind"。例如:

```
1    <!--完整语法 -->
2    <a v-bind:href="url">链接内容</a>
3    <!--缩写 -->
4    <a v-bind:href="url">链接内容</a>
```

下面通过例 2-11 进行演示。

【例 2-11】　v-bind 的使用。

(1) 创建 chapter02/demo11.html 文件,具体代码如下:

```
1    <!DOCTYPE html>
2    <html lang="zh">
3    <head>
4        <meta charset="UTF-8">
5        <title>v-bind 内容显示</title>
6        <script src="vue.js"></script>
7    </head>
8    <body>
9    <div id="app">
10       <img v-bind:src="imgSrc" v-bind:alt="imgAlt"
     v-bind:title="imgTitle">
11   </div>
12   <script>
13       const data = {
14             imgSrc: 'https://cn.vuejs.org/images/logo.png',
15             imgAlt: 'vue-logo',
16             imgTitle: 'Hello,Vue! '
17         }
```

```
18          const vm = Vue.createApp({
19              data() {
20                  return data
21              },
22          })
23          const app = vm.mount('#app')
24      </script>
25      </body>
26      </html>
```

（2）在浏览器中打开 demo11.html 文件，运行结果如图 2-16 所示。

图 2-16　v-bind 指令

在图 2-16 中，可以看到＜img＞标签中的 src、alt、title 属性均显示为在 data 中动态设置的变量的值。

2.3.5　v-on

v-on 用于给元素进行事件绑定，语法如下：

```
1      <标签 v-on:click="事件处理函数名"></标签>
2      简写形式(v-on: 指令可以简写成 @)
3      <标签 @click="事件处理函数名"></标签>
```

根据业务要求，事件方法有时需要传递参数，形式有以下 3 种：
- 如果传递就使用传递的（有传递实参）；
- 如果没有声明"()"，形参就是"事件对象"；
- 如果声明"()"且还没有传递实参，形参就是 undefined。

下面通过例 2-12 进行演示。

【例 2-12】　v-on 的使用。

（1）创建 chapter02/demo12.html 文件，具体代码如下：

```
1   <!DOCTYPE html>
2   <html lang="zh">
3   <head>
4       <meta charset="UTF-8">
5       <title>v-on 绑定事件</title>
6       <script src="vue.js"></script>
7   </head>
8   <body>
9   <div id="app">
10      <p>
11          <button type="button" v-on:click="getInfo">获取数据</button>
12          <div>{{msg}}</div>
13      </p>
14      <p>
15          <button type="button" v-on:click="show1()">show1()</button>
16          <button type="button" v-on:click="show2">show2</button>
17          <button type="button"
   v-on:click="show3('hello')">show3('hello')</button>
18      </p>
19  </div>
20  <script>
21  const vm = Vue.createApp({
22          el: '#app',
23          data (){
24                  return {
25                          msg: '天津'
26                  }
27          },
28          methods: {
29                  getInfo:function() {
30                          this.msg = this.msg +',是一个直辖市!'
31                  },
32                  show1:function(arg) {
33                          console.log(arg)
34                  },
35                  show2:function(arg) {
36                          console.log(arg)
37                  },
38                  show3:function(arg) {
39                          console.log(arg)
40                  }
41          }
42      });
43      const app = vm.mount('#app')
44  </script>
45  </body>
46  </html>
```

（2）在浏览器中打开 demo12.html 文件，运行结果如图 2-17 所示。

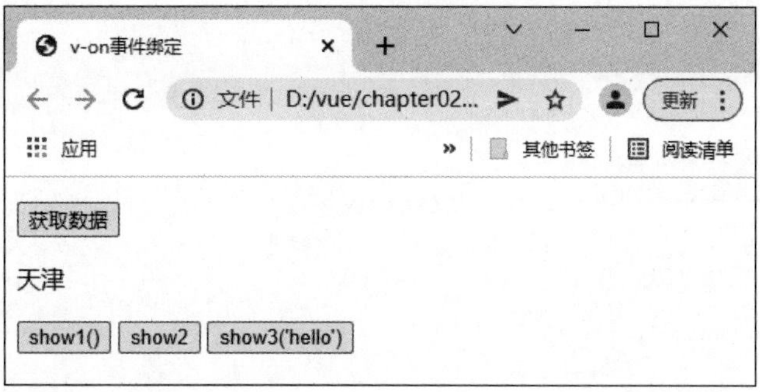

图 2-17 v-on 指令

单击图 2-17 中的按钮，显示结果如图 2-18 所示。在图 2-18 中可以看到，事件方法调用时，show1、show2、show3 参数分别显示为 undefined、事件对象、hello。其中，methods 中的实践方法如果需要操作 Vue 实例的 data 数据，则可以通过 this 关键字调用，this 代表 Vue 实例对象，这个对象可以对自身的许多成员进行调用。

图 2-18 单击按钮后的结果

2.3.6 v-if

v-if 可以完全根据表达式的值在 DOM 中生成或移除一个元素。如果 v-if 的表达式赋值为 false，那么对应的元素就会从 DOM 中移除；否则对应元素将会被插入 DOM。

下面通过例 2-13 进行演示。

【例 2-13】 v-if 的使用。

（1）创建 chapter02/demo13.html 文件，具体代码如下：

```html
1    <!DOCTYPE html>
2    <html lang="zh">
3    <head>
4        <meta charset="UTF-8">
5        <title>标题</title>
6        <script src="vue.js"></script>
7    </head>
8    <body>
9    <div id="app">
10       <p>
11           <button type="button" v-on:click="change">{{btnTxt}}</button>
12           <div v-if="isShow">{{msg}}</div>
13       </p>
14   </div>
15   <script>
16           const data = {
17                   btnTxt: '显示通知',
18                                   msg: '这是一条通知！',
19                                   isShow: false
20           }
21           const vm = Vue.createApp({
22                   data() {
23                           return data
24                   },
25                   methods: {
26                           change:function() {
27                               this.isShow = ! this.isShow
28                               this.btnTxt = this.isShow ? '隐藏通知' : '显示通知'
29                           }
30                   }
31           })
32           const app = vm.mount('#app')
33   </script>
34   </body>
35   </html>
```

（2）在浏览器中打开 demo13.html 文件，运行结果如图 2-19 所示。

单击图 2-19 中的按钮，显示结果如图 2-20 所示。

如图 2-19 和图 2-20 所示，单击按钮时会生成或者移除显示 msg 信息的 div 元素。

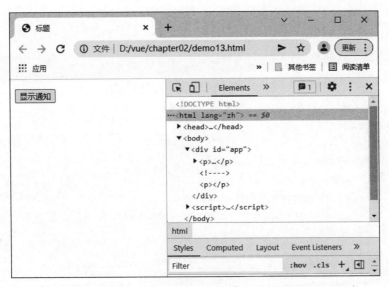

图 2-19 v-if 指令

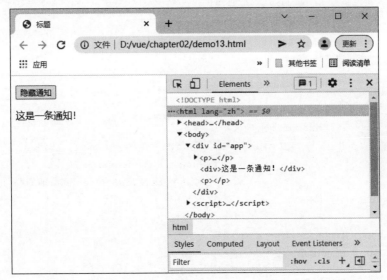

图 2-20 单击按钮后的结果

2.3.7 v-show

v-show 的用法与 v-if 类似,可以把例 2-13 中的 if 修改为 show。v-show 是通过设置 DOM 元素的 display 样式属性控制显示隐藏的。

下面通过例 2-14 进行演示。

【例 2-14】 v-show 的用法。

(1) 创建 chapter02/demo14.html 文件,具体代码如下:

```
1   <!DOCTYPE html>
2   <html lang="zh">
3   <head>
4       <meta charset="UTF-8">
5       <title>标题</title>
6       <script src="vue.js"></script>
7   </head>
8   <body>
9   <div id="app">
10          <p>
11              <button type="button" v-on:click="change">{{btnTxt}}</button>
12              <div v-show="isShow">{{msg}}</div>
13          </p>
14  </div>
15  <script>
16          const data = {
17              btnTxt: '显示通知',
18              msg: '这是一条通知！',
19              isShow: false
20          }
21          const vm = Vue.createApp({
22              data() {
23                      return data
24              },
25              methods: {
26                      change:function() {
27                          this.isShow = ! this.isShow
28                          this.btnTxt = this.isShow ? '隐藏通知': '显示通知'
29                      }
30              }
31          })
32          const app = vm.mount('#app')
33  </script>
34  </body>
35  </html>
```

（2）在浏览器中打开 demo14.html 文件，运行结果如图 2-21 所示。

单击图 2-21 中的按钮，显示结果如图 2-22 所示。

如图 2-21 和图 2-22 所示，单击按钮时会改变显示 msg 信息的 div 元素的 style 样式。
v-if 和 v-show 的区别如下。

① v-if 是动态地向 DOM 树内添加或者删除 DOM 元素的；v-show 是通过设置 DOM 元素的 display 样式属性控制显隐的。

② v-if 是真实的条件渲染，因为它会确保条件块在切换中适当地销毁与重建条件块

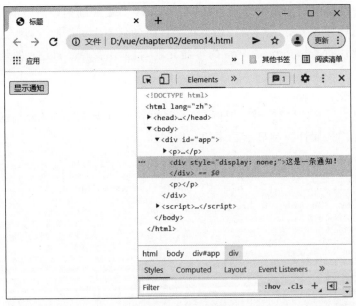

图 2-21 v-show 指令

图 2-22 单击按钮后的结果

内的事件监听器和子组件；v-show 只是简单地基于 CSS 进行切换。

③ v-if 是惰性的，如果在初始渲染时条件为假，则什么也不做，在条件第一次变为真时才开始局部编译（编译会被缓存下来）；v-show 在任何条件下（首次条件是否为真）都会编译，然后缓存下来，而且保留 DOM 元素。

④ 相比之下，v-show 简单得多，元素始终被编译并保留，只是简单地基于 CSS 进行切换。

⑤ 一般来说,v-if 有更高的切换消耗,而 v-show 有更高的初始渲染消耗。因此,如果需要频繁切换,则使用 v-show 较好;如果在运行时条件不大可能改变,则使用 v-if 较好。

另外,需要注意 template 是 Vue 的容器元素,目前不支持 v-show,但是支持 v-if。

 ## 2.3.8　v-for

v-for 的用法与 v-if 类似,可以把例 2-13 中的 if 修改为 for。v-for 是通过设置 DOM 元素的 display 样式属性控制显示隐藏的。例如:

```
1    <ul>
2        <li v-for="item in items":key="item.message">
3        {{ item.message }}
4        </li>
5    </ul>
6    ...
7    const vm = Vue.createApp({
8      data(){
9        return {
10         items: [
11           { message: 'Foo' },
12           { message: 'Bar' }
13         ]
14       }
15     }
16   })
17   const app = vm.mount('#app')
```

下面通过例 2-15 进行演示。

【例 2-15】　v-for 的使用。

(1)创建 chapter02/demo15.html 文件,具体代码如下:

```
1    <!DOCTYPE html>
2    <html lang="zh">
3    <head>
4        <meta charset="UTF-8">
5        <title>标题</title>
6        <script src="vue.js"></script>
7    </head>
8    <body>
9    <div id="app">
10         <!--迭代普通数组 -->
11     <ul>
12         <li v-for="item in numArr">{{item}}</li>
13     </ul>
14     <hr/>
```

```
15          <!--迭代对象数组 -->
16              <ul>
17          <li v-for="u in users">{{u}}--{{u.id}}</li>
18      </ul>
19      <hr/>
20      <!--绑定 key -->
21      <ul>
22          <li v-bind:key="u.id" v-for="(u, index) in
23  users">{{u.id}}--{{u.name}}</li>
24      </ul>
25          <hr/>
26          <!--迭代对象 -->
27          <ul>
28          <li v-for="(value, name) in object">{{ value }} --{{name}}</li>
29      </ul>
30          <hr/>
31      <!--迭代标签 -->
32          <template v-for="(v,k) in object">
33              <div>{{k}} --{{v}} </div>
34          </template>
35      <hr/>
36  </div>
37  <script>
38      const data = {
39      numArr: [-9, 23, 56, 189 ],
40          users: [
41          {
42              id: 1,
43              name: '张三',
44              age: 18
45          },
46          {
47              id: 2,
48              name: 'joe',
49              age: 9
50          },
51          {
52              id: 3,
53              name: 'rose',
54              age: 8
55          }
56      ],
57          object: {
```

```
58              title: 'How to do lists in Vue',
59                  author: 'Jane Doe',
60                  publishedAt: '2022-01-04'
61              }
62          }
63          const vm = Vue.createApp({
64              el: '#app',
65              data(){
66                  return data
67              }
68          });
69          const app = vm.mount('#app')
70  </script>
71  </body>
72  </html>
```

（2）在浏览器中打开 demo15.html 文件，运行结果如图 2-23 所示。

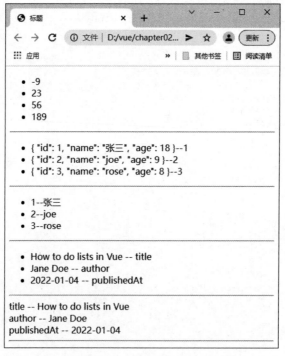

图 2-23　v-for 指令

上述代码分别演示了使用 v-for 迭代数组和迭代对象；在使用 v-for 时，可以使用 key 属性，并为该属性绑定唯一的属性值，如第 22 行，它是识别节点的通用机制。在使用 v-for 遍历多个标签时，需要用到<template>，如第 32～34 行。

2.4　综合案例——实现购物清单功能

介绍完 Vue 中常用的指令后，下面通过一个购物清单的案例演示以上内容。该案例将演示需要购买的清单列表，输入新的购物项，添加到列表中，单击"移除"按钮可以移除购物项。

【例 2-16】　购物清单。

（1）创建 chapter02/demo16.html 文件，具体代码如下：

```
1    <!DOCTYPE html>
2    <html lang="zh">
3    <head>
4        <meta charset="UTF-8">
5        <title>标题</title>
6        <script src="vue.js"></script>
7    </head>
8    <body>
9    <div id="app">
10            <h3>购物清单</h3>
11        <p>要购买物品：<input type="text" v-model="newGoods"
     @keyup.enter="add"/></p>
12        <ul>
13            <li v-for="(item, index) in goods">
14                <span>{{item.text}}</span>
15                <button type="button" @click="remove(index)">移除</button>
16            </li>
17        </ul>
18    </div>
19    <script>
20        const data = {
21            newGoods: '',
22            goods: []
23        }
24        const vm = Vue.createApp({
25            el: '#app',
26            data (){
27                return data
28            },
29            methods: {
30                add: function(){
31                    let txt = this.newGoods.trim()
32                    if(txt) {
33                        this.goods.push({text: txt}) ;
34                    }
```

```
35              this.newGoods = ''
36          },
37          remove: function(index) {
38              this.goods.splice(index,1) ;
39          }
40      }
41  });
42  const app = vm.mount('#app')
43  </script>
44  </body>
45  </html>
```

（2）在浏览器中运行 demo16.html，如图 2-24 所示。

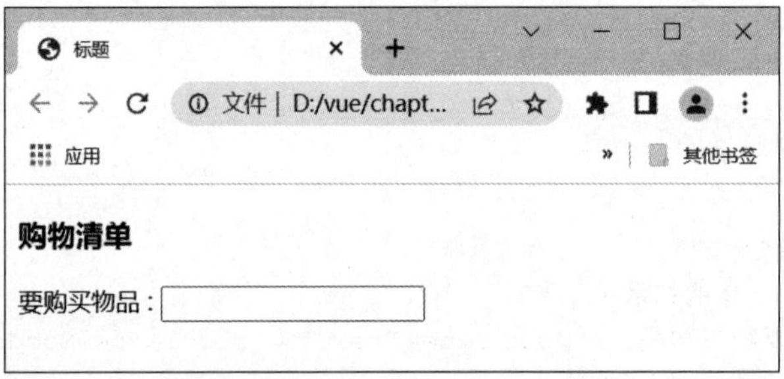

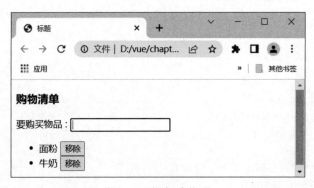

图 2-24　初始界面

在输入框中输入内容，按 Enter 键，内容会自动添加到列表中，如图 2-25 所示。

图 2-25　添加购物项

同样，单击每个物品后面的"移除"按钮即可将该购物项从列表中移除。

本章小结

本章主要讲解了 Vue 实例对象的创建方式、Vue 模板语法、数据绑定以及常用内置指令的使用。通过本章的学习，读者应重点掌握 data 数据、methods 方法和 computed 计算属性的定义,能够使用 v-model 进行双向数据绑定,以及使用 v-on 进行事件绑定。

经典面试题

1. 简述 Vue 实例对象中的主要属性及其作用。
2. 简述 v-if 与 v-show 的区别。
3. 简述 v-model 与 v-bind 的区别。
4. 简述 v-text 与 v-html 的区别。
5. 简述 v-on 的使用方法。

上机练习

1. 实现一个比较两个数字大小的页面。
2. 实现一个简单的网页计算器。
3. 实现一个登录界面,初始化账号和密码,并进行表单验证。

第3章　Vue事件、组件及生命周期

Vue中有很多Vue WebUI组件库可供开发者使用，那么组件是如何开发出来的？针对组件的事件处理又是如何描述的？本章将对Vue基础知识进行讲解，内容包括Vue事件处理、Vue组件、Vue生命周期等。

本章要点

- 掌握Vue的事件监听操作
- 掌握Vue组件的定义和注册方法
- 掌握Vue组件直接传递数据的方法
- 掌握Vue生命周期钩子函数的使用方法

励志小贴士

人生总要经历起起伏伏，不要因为一两次的失败就郁郁寡欢。打磨自己的过程总是充满了艰难和迷茫，要相信：坚持的人，一定能找到属于自己的亮光。

3.1　Vue 事件

可以使用 v-on 指令（通常缩写为符号@）监听 DOM 事件，并在触发事件时执行一些 JavaScript。用法为"v-on:事件名＝"方法""或使用快捷方式"@事件名＝"方法""。之前的案例使用过@click、@keyup.enter 等，下面详细介绍这些内容。

3.1.1　事件监听

在 Vue 中，可以使用内置指令 v-on 监听 DOM 事件，下面通过例 3-1 进行演示。

【例 3-1】　事件监听。

（1）创建文件夹 chapter03，然后在该目录下创建 demo01.html 文件，具体代码如下：

```
1    <!DOCTYPE html>
2    <html lang="en">
3    <head>
4        <meta charset="UTF-8">
5        <title>Title</title>
6    </head>
7    <body>
8    <div id="app">
9        <div>{{count}}</div>
10       <button type="button" @click="count+=1">+1</button>
11       <p>
12           <button type="button" @click="showDt">当前日期时间</button>
13           {{now}}
14       </p>
15   </div>
16   <script src="vue.js"></script>
17   <script>
18       const app = Vue.createApp(
19           {
20               data() {
21                   return {
22                       count: 0,
23                       now: ''
24                   }
25               }
26               methods: {
27                   showDt: function () {
28                       this.now = new Date()
29                   }
30               }
```

```
31              })
32          app.mount('#app')
33      </script>
34      </body>
35      </html>
```

（2）在浏览器中打开 demo01.html 文件，运行结果如图 3-1 所示。单击按钮后，运行结果如图 3-2 所示。

图 3-1 初始结果

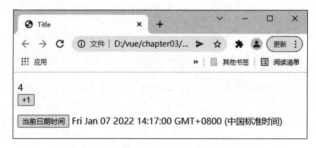

图 3-2 单击按钮后的运行结果

3.1.2 事件修饰符

事件修饰符是自定义事件行为，配合 v-on 指令使用，写在事件之后，用"."符号连接，如 v-on:click.stop 表示阻止事件冒泡。

示例如下：

```
1      <!--阻止单击事件冒泡 -->
2      <a v-on:click.stop="doSth"></a>
3      <!--阻止事件默认行为 -->
4      <form v-on:submit.prevent="onSubmit"></form>
5      <!--修饰符串联 -->
6      <a v-on:click.stop.prevent="doSth"></a>
7      <!--只有修饰符 -->
8      <form v-on:submit.prevent></form>
9      <!--添加事件监听器时使用事件捕获模式 -->
```

```
10    <a v-on:click.capture="doSth"></a>
11    <!--只当事件在该元素本身触发时触发回调 -->
12    <div v-on:click.self="doSth"></div>
13    <!--事件只触发一次 -->
14    <a v-on:click.once="doSth"></a>
```

3.1.3　按键修饰符

在监听键盘事件时,经常需要检查常见的键值。为了方便开发,Vue 允许为 v-on 添加按键修饰符以监听按键,如 Enter、Space、Shift 和 Down 等。下面以 Enter 键为例进行演示。

【例 3-2】　按键修饰符的使用。

(1) 创建 chapter03/demo02.html 文件,具体代码如下:

```
1     <!DOCTYPE html>
2     <html lang="en">
3     <head>
4         <meta charset="UTF-8">
5         <title>标题</title>
6     </head>
7     <body>
8     <div id="app">
9         输入后按 Enter 键则提交: <input type="text" v-on:keyup.enter="submit">
10    </div>
11    <script src="vue.js"></script>
12    <script>
13        const app = Vue.createApp(
14           {
15               methods: {
16                   submit() {
17                       console.log('表单提交')
18                   }
19               }
20           })
21        app.mount('#app')
22    </script>
23    </body>
24    </html>
```

上述代码中,当按 Enter 键后,就会触发 submit()事件处理方法。

(2) 在浏览器中打开 demo02.html,单击 input 输入框使其获得焦点,然后按 Enter 键,运行结果如图 3-3 所示。从图 3-3 中可以看出,控制台输出了“表单提交”,说明键盘事件绑定成功且执行。

图 3-3　按 Enter 键触发事件

Vue 组件

Vue 可以进行组件化开发,组件是 Vue 的基本结构单元,在开发过程中使用起来非常方便灵活,只需要按照 Vue 规范定义组件,将组件渲染到页面即可。组件能实现复杂的页面结构,提高代码的可复用性。在开源社区,有很多 Vue WebUI 组件库可供开发者使用。例如,ElementUI 就是一套基于 Vue.js 的高质量 UI 组件库,可以用其快捷地开发前端界面。下面对 Vue 组件进行讲解。

3.2.1　什么是组件

在 Vue 中,组件是构成页面中独立结构的单元,能够减少代码的重复编写,提高开发效率,降低代码之间的耦合度,使项目更易维护和管理。组件主要以页面结构的形式存在,不同组件也具有基本的交互功能,可以根据业务逻辑实现复杂的项目功能。

下面通过一个案例演示组件的定义和使用。

【例 3-3】　组件的定义和使用。

(1) 创建 chapter03/demo03.html 文件,具体代码如下:

```
1   <!DOCTYPE html>
2   <html lang="en">
3   <head>
4       <meta charset="UTF-8">
5       <title>创建并注册组件</title>
6   </head>
7   <body>
8   <div id="app">
9       <my-com></my-com>
10      <hr/>
11      <my-com></my-com>
12  </div>
13  <script src="vue.js"></script>
```

```
14    <script>
15        const app = Vue.createApp({})
16        app.component('myCom', {
17            template: '<button type="button"
18  @click="btnHandler">{{msg}}</button>',data() {
19                return {
20                    msg: '自定义组件'
21                }
22            },
23            methods: {
24                btnHandler() {
25                    alert('haha~~');
26                }
27            }
28        });
29        app.mount('#app')
30    </script>
31    </body>
32    </html>
```

在上述代码中,第 16 行的 app.component()表示注册组件的 API,参数 myCom 为组件名称,该名称与页面中的＜my-com＞标签名对应;第 17 行的 template 表示组件的模板;第 18～22 行表示组件中的数据,它必须是一个函数,并通过返回值返回初始数据;第 23～28 行表示组件中的方法。

(2) 在浏览器中打开 demo03.html,运行结果如图 3-4 所示。

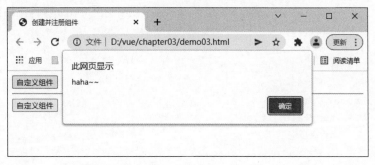

图 3-4　自定义组件的运行结果

如图 3-4 所示,一共有两个 my-comp 组件,单击某一个组件时,会显示一个弹框。

通过例 3-3 可以看出,利用 Vue 的组件功能可以非常方便地复用页面代码,实现一次定义、多次使用的效果。

3.2.2　局部注册组件

前面学习的 app.component()方法用于全局注册组件,除了全局注册组件外,还可以局部注册组件,即通过 Vue 实例的 component 属性实现。下面通过例 3-4 进行演示。

【例 3-4】　局部注册组件。

(1) 创建 chapter03/demo04.html 文件,具体代码如下:

```
1    <!DOCTYPE html>
2    <html lang="en">
3    <head>
4        <meta charset="UTF-8">
5        <title>局部组件</title>
6    </head>
7    <body>
8    <div id="app">
9        <my-com></my-com>
10       <hr/>
11       <my-com2></my-com2>
12   </div>
13   <template id="tem">
14       <div>
15           <p>局部组件 2 --{{count}}</p>
16           <button type="button" @click="btnHandler">单击</button>
17       </div>
18   </template>
19   <script src="vue.js"></script>
20   <script>
21       const app = Vue.createApp({})
22       //定义一个普通的 JavaScript 对象
23       const Com = {
24           template: '<h3>局部组件-<input v-model="msg">-{{msg}}</h3>',
25           data() {
26               return {msg: 'hello'}
27           }
28       }
29       const Com2 = {
30           template: '#tem',
31           data() {
32               return {
33                   count: 0
34               }
35           },
36           methods: {
37               btnHandler: function () {
38                   this.count++;
39               }
40           }
41       }
```

```
42        app.component('myCom', Com)
43            .component('myCom2', Com2)
44        app.mount('#app')</script>
45    </body>
46    </html>
```

在上述代码中,第 42、43 行的 component 表示组件配置选项,注册组件时,只需要在 component 内部定义组件即可。

(2)在浏览器中打开 demo04.html,运行结果如图 3-5 所示。

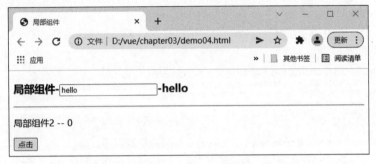

图 3-5　components 注册组件的运行结果

在上述代码中,可以看到 template 模板是使用字符串保存的,这种方式不仅容易出错,也不适合编写复杂的页面结构。实际上,模板代码是可以写在 HTML 结构中的,Vue 提供了<template>标签以定义结构的模板,可以在该标签中书写 HTML 代码,然后通过 id 值绑定到组件内的 template 属性上,例如代码第 14~19 行定义了模板 HTML 代码,第 32 行将该模板<template>绑定到了组件上。

3.2.3　组件之间的数据传递

在 Vue 中,组件实例具有局部作用域,组件之间的数据传递需要借助一些工具(如 props 属性)以实现从父组件向子组件传递数据信息。从父组件向子组件传递数据信息是从外部向内部传递,从子组件向父组件传递数据信息是从内部向外部传递。

在 Vue 中,数据传递主要通过 props 属性和 $ emit 方式实现,下面分别进行讲解。

1. props 传值

props 即道具。组件实例的作用域是孤立的,这意味着不能且不应在子组件的模板内直接引用父组件的数据。通常可以使用 props 把数据传给子组件。下面具体演示 props 属性的使用。

【例 3-5】　props 属性的使用。

(1)创建 chapter03/demo05.html 文件,具体代码如下:

```
1    <!DOCTYPE html>
2    <html lang="en">
```

```
3      <head>
4          <meta charset="UTF-8">
5          <title>props</title>
6      </head>
7      <body>
8      <div id="app">
9          <p>父组件 title: {{title}} ---num:
10             <input v-model="num"></p>
11         <hr/>
12         <son1 v-bind:son1-title="title" v-bind:son1-num="num"></son1>
13         <hr/>
14         <son2:title="title":num="num":obj="user":arr="msg"></son2>
15     </div>
16     <!--子组件利用 props 声明属性,父组件加载子组件时为属性赋值 -->
17     <!--子组件模板 -->
18     <template id="son2">
19         <div>
20             <p>我是子组件 2,以下演示来自父组件数据 :</p>
21             <p>{{title}}--{{num * 2}} --{{obj}} --{{obj.name}} --{{arr}}</p>
22     </div>
23     </template>
24     <script src="vue.js"></script>
25     <script>
26         const app = Vue.createApp({
27             data() {
28                 return {
                        title: '使用 props 父组件向子组件传参',
29                     num: 3,
30                     msg: ['props', 'emit', 'bind', 10],
31                     user: {
32                         id: 1,
33                         name: 'props'
34                     }
35                 }
36             }
37         })
38         //定义子组件
39         const son1 = {
40             template: '<div>来自父组件 title 与 num: {{son1Title}}:
41     {{son1Num}}</div>',
42             props: ['son1Title', 'son1Num']
43         };
44         const son2 = {
```

```
45          template: '#son2',
46          props: {
47              title: String,
48              num: {
49                  type: Number,
50                  required: true,
51                  default: 11,
52                  validator: function (value) {
53                      return value > 0;
54                  }
55              },
56              obj: {
57                  type: Object,
58                  default: function () {
59                      return {
60                          id: 1, name: 'admin'
61                      }
62                  }
63              },
64              arr: {
65                  type: Array,
66                  default: function () {
67                      return ['apple', 'banana']
68                  }
69              }
70          }
71      };
72      app.component('son1', son1)
73          .component('son2', son2)
74      app.mount("#app")
75  </script>
76  </body>
77  </html>
```

上述代码声明了两个子组件 son1 与 son2，其中，son1 子组件为了使用父组件的数据，必须先定义 props 属性，即第 42 行"props：['son1Title','son1Num']"，此处仅仅是声明两个属性，没有对属性使用任何约束，在第 12 行中，使用 v-bind 将父组件数据通过已定义的 props 属性传递给了子组件。需要注意的是，在子组件中定义 props 时，使用了 CamelCase 命名法。由于 HTML 不区分大小写，因此当 camelCase 的 props 用于特性时，需要将其转为 kebab-case(连字符隔开)。例如，在 props 中定义的 myName 在用作特性时，需要将其转换为 my-name。在父组件中使用子组件时，可以通过以下语法将数据传递给子组件：

```
1    <子组件 v-bind:子组件属性=父组件数据属性></子组件>
```

可以为组件的 props 指定验证要求。如果有一个要求没有被满足,则 Vue 会在浏览器控制台发出警告。为了定制 props 的验证方式,可以为 props 中的值提供一个带有验证要求的对象,而不是一个字符串数组,如上述代码中定义的子组件 son2,son2 中定义的 props 属性为第 33~57 行;其中,属性 num 通过 type 定义了类型,通过 required:true 要求必须为该属性赋值,default 定义了默认值,validator 定义了验证要求;属性 obj 和 arr 各自定义了类型和默认值。

需要注意的是,当为对象和数组定义默认值时,必须使用函数返回,如上述代码的第 58~63 行和第 66~68 行所示。

(2) 在浏览器中打开 demo05.html,运行结果如图 3-6 所示。

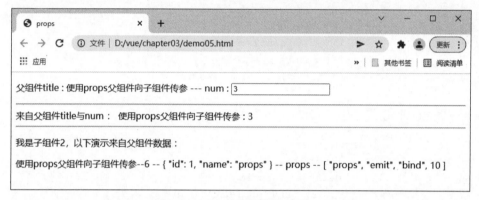

图 3-6　props 传值的运行结果(1)

在图 3-6 所示的页面中,子组件显示标题为"使用 props 父组件向子组件传参"以及数字 3,说明父组件信息已经传递到子组件。当更新父组件 num 的值时,子组件中的数据也会随之发生改变,如图 3-7 所示。

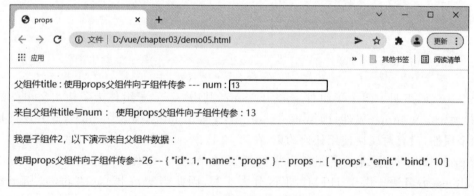

图 3-7　props 传值的运行结果(2)

需要注意的是,props 是以从上到下的单向数据流传递的,且父级组件的 props 更新会向下流动到子组件中,但是反过来则不行,这是为了防止子组件无意中修改父组件的状态。

props 的 type 可以是下列原生构造函数中的一个：

- String
- Number
- Boolean
- Array
- Object
- Date
- Function
- Symbol

此外，type 还可以是一个自定义的构造函数。

2. $emit 传值

$emit 能够将子组件中的值传递到父组件中。$emit 可以触发父组件中定义的事件，子组件的数据信息通过传递参数的方式完成。下面通过例 3-6 进行代码演示。

【例 3-6】 $emit 传值的使用。

（1）创建 chapter03/dem06.html 文件，具体代码如下：

```
1    <!DOCTYPE html>
2    <html lang="en">
3    <head>
4        <meta charset="UTF-8">
5        <title>props</title>
6        <script src="vue.js"></script>
7    </head>
8    <body>
9    <div id="app">
10       <p>我是父组件--来自子组件的数据为：<br/>{{fromSon}}</p>
11       <hr/>
12       <son @son-msg="getDataFromSon"></son>
13   </div>
14   <template id="son">
15       <div>
16           <p>我是子组件</p>
17           <input type="text" v-model="msg"/>--{{msg}}
18           <button type="button" @click="toParent">将数据传递到父组件
19   </button>
         </div>
20   </template>
21   <script>
22       const app = Vue.createApp({
23           data() {
24               return {
```

```
25              fromSon: ''
26          }
27      },
28      methods: {
29          getDataFromSon: function (sonData) {
30              this.fromSon = sonData;
31          }
32      }
33  })
34  const son = {
35      template: '#son',
36      data() {
37          return {
38              msg: '子组件字符串'
39          }
40      },
41      methods: {
42          toParent() {
43              this.$emit('son-msg', this.msg);
44          }
45      }
46  }
47  app.component('son', son)
48      .mount("#app")
49  </script>
50  </body>
51  </html>
```

上述代码的第 12 行，即在父组件中调用子组件时，绑定了一个自定义事件和对应的处理函数@son-msg＝"getDataFromSon"；在第 43 行，子组件把要发送的数据通过触发自定义事件传递给父组件 this.$emit('son-msg',this.msg)；其中，$emit() 的意思是把事件沿着作用域链向上派送。

（2）在浏览器中打开 demo06.html 文件，运行结果如图 3-8 所示。单击【将数据传递到父组件】按钮，运行结果如图 3-9 所示。

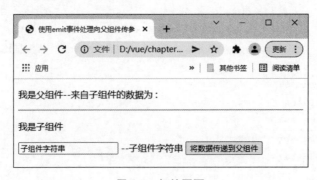

图 3-8　初始页面

图 3-9　传值成功

如图 3-8 所示,单击【将数据传递到父组件】按钮后,页面中显示了"子组件字符串",说明成功完成了子组件向父组件的传值。

3.2.4　组件切换

Vue 中的页面结构是由组件构成的,不同组件可以表示不同页面,适合进行单页应用开发。下面通过例 3-7 演示登录组件和注册组件的切换。

【例 3-7】　组件切换。

(1) 创建 chapter03/demo07.html 文件,具体代码如下:

```
1    <!DOCTYPE html>
2    <html lang="en">
3    <head>
4        <meta charset="UTF-8">
5        <title>组件切换</title>
6        <script src="vue.js"></script>
7    </head>
8    <body>
9    <div id="app">
10       <a href="" @click.prevent="flag=true">登录</a>
11       <a href="" @click.prevent="flag=false">注册</a>
12       <login v-if="flag"></login>
13       <register v-else="flag"></register>
14   </div>
15   <script>
16       const app = Vue.createApp({
17           data() {
18               return {
19                   flag: true
20               }
21           }
22       })
```

```
23        app.component('login', {
24            template: '<h3>登录账号</h3>'
25        }).component('register', {
26            template: '<h3>注册账号</h3>'
27        }).mount("#app")</script>
28    </body>
29    </html>
```

上述代码中,第 12 行的 login 表示登录组件,第 13 行的 register 表示注册组件;第 12 行的 v-if 指令值为 true,表示加载当前组件,否则移除当前组件;第 10、11 行的.prevent 事件修饰符用于阻止＜a＞标签的超链接默认行为。

（2）在浏览器中打开 demo07.html 文件,运行结果如图 3-10 所示。在页面中单击"注册"链接后,运行结果如图 3-11 所示。

图 3-10　初始页面

图 3-11　注册页面

从例 3-7 可以看出,组件的切换是通过 v-if 控制的。除了这种方式外,还可以通过组件的 is 属性实现,即使用 is 属性匹配组件的名称,下面通过例 3-8 进行演示。

【例 3-8】　is 属性的使用。

（1）创建 chapter03/demo08.html 文件,具体代码如下:

```
1    <!DOCTYPE html>
2    <html lang="en">
3    <head>
4        <meta charset="UTF-8">
5        <title>组件切换</title>
6        <script src="vue.js"></script>
```

```
7      </head>
8      <body>
9      <div id="app">
10        <a href="" @click.prevent="comName='login'">登录</a>
11        <a href="" @click.prevent="comName='register'">注册</a>
12        <component v-bind:is="comName"></component>
13     </div>
14     <script>
15        const app = Vue.createApp({
16           data() {
17              return {
18                 comName: 'login'
19              }
20           }
21        })
22        app.component('login', {
23           template: '<h3>登录组件</h3>'
24        }).component('register', {
25           template: '<h3>注册组件</h3>'
26        }).mount("#app")
27     </script>
28     </body>
29     </html>
```

在上述代码中,第 12 行的 is 属性值绑定了 data 中的 comName;第 10、11 行的<a>标签用来修改 comName 的值,从而切换对应的组件。

(2) 在浏览器中打开 demo08.html 文件,运行结果与图 3-10 所示相同。

3.3　Vue 生命周期

Vue 实例为生命周期提供了回调函数,用来在特定的情况下触发,贯穿了 Vue 实例化的整个过程,这给用户在不同阶段添加自己的代码提供了机会。每个 Vue 实例在被创建时都要经过一系列的初始化过程,如初始数据监听、编译模板、将实例挂载到 DOM、在数据变化时更新 DOM 等。

Vue 的生命周期分为 4 个阶段,涉及 7 个函数。

- create 创建:setup()。
- mount 挂载(把视图和模型关联起来):onBeforeMount(),onMounted()。
- update 更新(模型的更新对视图造成何种影响):onBeforeUpdate(),onUpdated()。
- unMount 销毁(视图与模型失去联系):onBeforeUnmount(),onUnmounted()。

3.3.1　钩子函数

钩子函数用来描述 Vue 实例从创建到销毁的整个生命周期,具体如表 3-1 所示。

表 3-1　生命周期钩子函数

钩　　子	说　　明
setup	开始创建组件之前，在 beforeCreate 和 created 之前执行，创建的是 data 和 method
onBeforeMount	组件挂载到节点上之前执行的函数
onMounted	组件挂载完成后执行的函数
onBeforeUpdate	组件更新之前执行的函数
onUpdated	组件更新完成之后执行的函数
onBeforeUnmount	组件卸载之前执行的函数
onUnmounted	组件卸载完成后执行的函数

下面对这些钩子函数分别进行讲解。

 3.3.2　实例创建

setup()：beforeCreate 和 created 与 setup 几乎是同时进行的，所以可以把写在 beforeCreate 和 created 这两个周期的代码直接写在 setup 中。

【例 3-9】　实例创建。

（1）创建 chapter03/demo09.html 文件，具体代码如下：

```
1    <!DOCTYPE html>
2    <html lang="en">
3    <head>
4        <meta charset="UTF-8">
5        <title>钩子函数</title>
6        <script src="vue.js"></script>
7    </head>
8    <body>
9    <div id="app">
10       <input v-model.lazy="msg"/>
11       <button type="button" @click="btnHandler">{{msg}}</button>
12   </div>
13   <script>
14       const app = Vue.createApp({
15          data() {
16              return {
17                  msg: 'helloworld',
18              }
19          },
20          methods: {
21              btnHandler: function () {
22                  console.log('button click');
23              }
24          },
```

```
25          setup() {
26              console.log('setup()-----');
27              console.log(this.$el);        //undefined
28              console.log(this.$data);      //undefined
29              console.log(this.msg);        //undefined
30              alert('setup');
31          },
32      })
33      app.mount("#app")
34  </script>
35  </body>
36  </html>
```

（2）在浏览器中打开 demo09.html 文件，运行结果如图 3-12 所示。

图 3-12　setup 的运行结果

如图 3-12 所示，setup 钩子函数输出 msg 时为 undefined，这是因为此时数据还没有被监听，同时页面上没有挂载对象。

3.3.3　页面挂载

onBeforeMount()表示模板已经在内存中编辑完成了，但是尚未把模板渲染到页面中。

onMounted()在这时挂载完毕，此时 DOM 节点已被渲染到文档内，一些需要 DOM 的操作在此时才能正常进行（常在此方法中进行 ajax 请求数据，渲染到 DOM 节点）。

【例 3-10】　页面挂载。

（1）创建 chapter03/demo10.html 文件，具体代码如下：

```
1   <!DOCTYPE html>
2   <html lang="en">
```

```
3    <head>
4        <meta charset="UTF-8">
5        <title>钩子函数</title>
6        <script src="vue.js"></script>
7    </head>
8    <body>
9    <div id="app">
10       <input v-model.lazy="msg"/>
11       <button type="button" @click="btnHandler">{{msg}}</button>
12   </div>
13   <script>
14       const {onMounted, onBeforeMount, reactive,toRefs} = Vue
15       const app = Vue.createApp({
16           setup() {
17               const data = reactive({
18                   msg: 'helloworld',
19               })
20               const methods = {
21                   btnHandler: function () {
22                       console.log('button click');
23                   },
24               }
25               onBeforeMount(() =>{
                     console.log('beforeMount()----');
26                   let btn = document.querySelector('button')
27                   console.log(btn)
28               })
29               onMounted(() =>{
30                   console.log('mounted()----');
31                   let btn = document.querySelector('button')
32                   console.log(btn)           //此时可以打印出 button 的值
                     })
33               return {
34                   ...toRefs(data),
35                   ...methods
36               }
37           }
38       })
39       app.mount("#app")
40   </script>
41   </body>
42   </html>
```

（2）在浏览器中打开 demo10.html 文件，运行结果如图 3-13 所示。

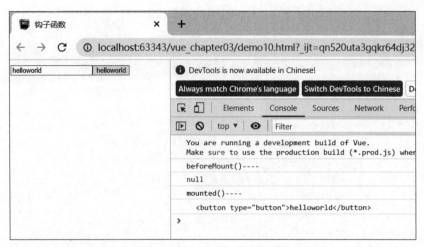

图 3-13 *onBeforeMount* 与 *onMounted* 的运行结果

从图 3-13 可以看出，在挂载之前，数据并没有被关联到对象上，所以页面无法展示页面数据；在挂载之后就获得了 msg 数据，并通过插值语法展示到页面中。

3.3.4 数据更新

onBeforeUpdate()：当执行 beforeUpdate 时，页面中显示的数据还是旧的，此时 data 数据是最新的，页面尚未和最新的数据保持同步。

onUpdated()：页面和 data 数据已经保持同步，都是最新的。

【例 3-11】 数据更新。

（1）创建 chapter03/demo11.html 文件，具体代码如下：

```
1    <!DOCTYPE html>
2    <html lang="en">
3    <head>
4        <meta charset="UTF-8">
5        <title>钩子函数</title>
6        <script src="vue.js"></script>
7    </head>
8    <body>
9    <div id="app">
10       <div v-if="isShow" ref="test">test</div>
11       <button @click="isShow=!isShow">更新</button>
12   </div>
13   <script>
14       const {onBeforeUpdate, onUpdated, ref} = Vue
15       const app = Vue.createApp({
16          setup() {
17              const test = ref()
```

```
18              const isShow = ref(false)
19
20              onBeforeUpdate(() =>{
21                  console.log('更新之前')
22                  console.log(test.value)
23              })
24              onUpdated(() =>{
25                  console.log('更新之后')
26                  console.log(test.value)
27              })
28              return {
29                  isShow,
30                  test
31              }
32          }
33      })
34      app.mount("#app")
35  </script>
36  </body>
37  </html>
```

（2）在浏览器中打开 demo11.html，单击【更新】按钮，运行结果如图 3-14 所示。

如图 3-14 所示，当元素没有在页面中展示时，更新之前无法获取元素；更新之后，页面展示了 div 元素，控制台的输出结果就是 div 元素。

图 3-14　onBeforeUpdate 和 onUpdated 的运行结果

（3）再次单击【更新】按钮，运行结果如图 3-15 所示。

图 3-15 控制台的输出结果

如图 3-15 所示,控制台的输出结果的顺序与图 3-14 中的正好相反。

3.3.5 实例销毁

生命周期的最后阶段是实例销毁,会执行 onBeforeUnmount 和 onUnmounted 钩子函数。

【例 3-12】 实例销毁。

(1) 创建 chapter03/demo12.html 文件,具体代码如下:

```
1    <!DOCTYPE html>
2    <html lang="en">
3    <head>
4        <meta charset="UTF-8">
5        <title>钩子函数</title>
6        <script src="vue.js"></script>
7    </head>
8    <body>
9    <div id="app">
10       <input v-model.lazy="msg"/>
11       <button type="button" @click="btnHandler">{{msg}}</button>
12   </div>
13   <script>
14       const {onBeforeUnmount, onUnmounted, onMounted, reactive, toRefs} =
15   Vue
16       const app = Vue.createApp({
17           setup() {
```

```
18              const data = reactive({
19                  msg: 'helloworld',
20              })
21              const methods = {
22                  btnHandler: function () {
23                      console.log('button click');
24                  }
25              }
26              //设置5秒后销毁实例
27              onMounted(() => {
28                  setTimeout(() => app.unmount(), 5000)
29              })
30              onBeforeUnmount(() => {
31                  console.log('beforeDestroy()----');
32                  let btn = document.querySelector('button');
33                  console.log(btn.innerText);
34              })
35              onUnmounted(() => {
36                  console.log('destroyed()----');
37                  let btn = document.querySelector('button');
38                  if (btn != null) {
39                      console.log(btn.innerText);
40                  } else {
41                      console.log(btn)
42                  }
43
44              })
45              return {
46                  ...toRefs(data),
47                  ...methods,
48              }
49          }
50      })
51      const instance = app.mount("#app")
52
53  </script>
54  </body>
55  </html>
```

（2）在浏览器中打开 demo12.html，5 秒后，运行结果如图 3-16 和图 3-17 所示。

从图 3-16 和图 3-17 可以看出，vm 实例在 onBeforeUnmount 和 onUnmounted 函数执行时都存在，但是销毁之后便无法获取页面中的 button 元素。所以，实例销毁之后无法操作 DOM 元素。

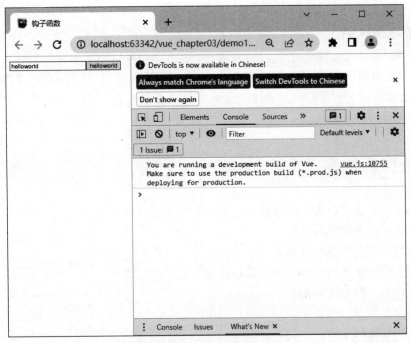

图 3-16　未调用 onBeforeUnmount 和 onUnmounted 函数时

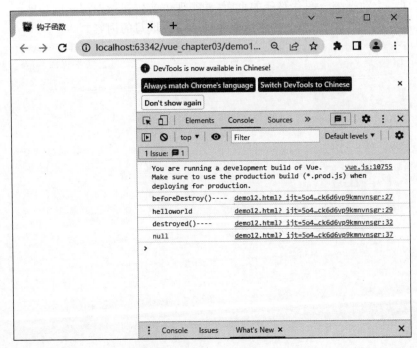

图 3-17　5 秒后调用 onBeforeUnmount 和 onUnmounted 函数

本章小结

本章主要讲解了 Vue 的事件机制、Vue 组件的创建和注册、使用 props 实现父组件向子组件的数据传递、使用 $emit 实现子组件向父组件的数据传递，以及 Vue 的生命周期钩子函数。

经典面试题

1. 简述 Vue 事件修饰符有哪些。
2. 简述 Vue 组件化开发。
3. 简述 Vue 中的组件注册方式。
4. 简述 Vue 中父组件如何向子组件传递数据。
5. 简述 Vue 的生命周期。

上机练习

1. 实现一个动态绑定图片路径的页面，并实现单击按钮切换图片的功能。
2. 实现一个注册表单，单击按钮后能够显示用户填写的内容。

第 4 章　Vue 全局 API 及实例属性

Vue 中还有一些其他的功能,例如通过 API(Application Programming Interface,应用程序编程接口)构建自定义的指令、组件、插件,通过 Vue 实例属性完成更强大的功能等。本章将围绕 Vue 的全局 API、实例属性、全局配置以及组件进阶进行讲解。

本章要点

- 熟悉 Vue 提供的常用 API
- 熟悉 Vue 实例对象中的常用属性
- 掌握通过全局对象配置 Vue 的方法
- 掌握使用 render 渲染函数渲染页面的方法

励志小贴士

当你向空谷喊话,需要等一会儿才会听见绵长的回音。在平日里,也不要急着让生活马上给予你所有的答案,有时候,你需要拿出耐心等一等。只要你曾踏实付出,生活终会给你想要的美好。

4.1　全局 API

第 3 章介绍了使用 Vue.component() 注册自定义组件的方法，这个方法其实就是一个全局 API。在 Vue 中，还有很多常用的全局 API，本节将会详细讲解。

◆ 4.1.1　自定义全局指令

Vue 中有很多内置指令，如 v-model、v-for、v-bind 等。除了内置指令，开发人员也可以根据需求注册自定义指令。自定义指令是用来操作 DOM 的。尽管 Vue 推崇数据驱动视图的理念，但并非所有情况都适合数据驱动。自定义指令可以非常方便地实现和扩展，不仅可用于定义任何 DOM 操作，而且是可复用的。下面通过例 4-1 演示自定义指令的代码实现。

【例 4-1】　自定义指令的代码实现。

（1）创建文件夹 chapter04，在该目录下创建 demo01.html 文件，具体代码如下：

```
1    <!DOCTYPE html>
2    <html lang="zh">
3    <head>
4        <meta charset="UTF-8">
5        <title>自定义指令</title>
6    </head>
7    <body>
8    <div id="app">
9        <div>{{msg}}</div>
10       <div v-redstyle>{{msg}}</div>
11   </div>
12   <script src="vue.js"></script>
13   <script>
14       Vue.directive('redstyle', function(el){
15       /** el 可以获取当前 DOM 节点，并且进行编译，也可以操作事件 **/
16       /** binding 指的是一个对象，一般不用 **/
17       /** vnode 是 Vue 编译生成的虚拟节点 **/
18           el.style.border='1px solid red'
19           el.style.padding="5px"
20       })
21       var vm = new Vue({
22           el: '#app',
23           data: {
24               msg: 'Vue 自定义指令！'
25           }
26       })
27   </script>
28   </body>
29   </html>
```

　　上述代码用于为 DOM 元素绑定一个红色边框样式,代码第 10 行为 div 绑定了指令 v-redstyle,页面运行后,div 就会带有红色边框和内边距。代码第 9 行的 div 显示为默认效果。

　　(2) 在浏览器中打开 demo01.html 文件,运行结果如图 4-1 所示。

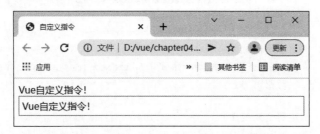

图 4-1　自定义指令 v-redstyle 的运行结果

　　从图 4-1 可以看出,第 2 个 div 在使用自定义指令 v-redstyle 后成功应用了样式。

4.1.2　使用插件

　　插件通常用来为 Vue 添加全局功能,然后通过全局方法 Vue.use()使用插件。插件可以是一个对象或函数,如果是对象,则必须提供 install()方法,用来安装插件;如果是函数,则该函数将被当成 install()方法。下面通过例 4-2 演示 Vue.use 的使用。

　　【例 4-2】　Vue.use 的使用。

　　(1) 创建 chapter04/demo02.html 文件,具体代码如下:

```
1    <!DOCTYPE html>
2    <html lang="zh">
3    <head>
4        <meta charset="UTF-8">
5        <title>自定义插件</title>
6    </head>
7    <body>
8    <div id="app">
9        <div v-my-directive>{{msg}}</div>
10   </div>
11   <script src="vue.js"></script>
12   <script>
13       constMyPlugin = {}
14       //Vue 的插件应该暴露一个 install 方法
15       //第一个参数是 Vue 构造器,第二个参数是一个可选的选项对象,用于传入插件的配置
         MyPlugin.install = function (Vue, options) {
16           console.log(options)
17           //添加全局方法或属性
18           Vue.myGlobalMethod = function () {
19               //逻辑...
```

```
20              }
21              //添加全局资源
22              Vue.directive('my-directive', {
23                  bind (el, binding, vnode, oldVnode) {
24                      el.style.border = "1px solid red"
25                  }
26              })
27              //添加实例方法
28              Vue.prototype.$myMethod = function (methodOptions) {
29                  //逻辑...
30              }
31              //注册全局组件
32              Vue.component('myCom',{
33                  //...组件选项
34              })
35          }
36      Vue.use(MyPlugin, {option1: 'hello', option2: true})
37      var vm = new Vue({
38          el: '#app',
39          data: {
40              msg: '自定义指令'
41          }
42      })
43 </script>
44 </body>
45 </html>
46
```

在上述代码中，第 16 行定义了插件的 install()方法，该方法有两个参数，第一个参数 Vue 是 Vue 的构造器，第二个参数 options 是一个可选的选项对象。第 37 行调用了 Vue.use()方法以安装插件，在第一个参数中传入插件对象 MyPlugin，向第二个参数传入选项配置。

（2）在浏览器中打开 demo02.html 文件，运行结果如图 4-2 所示。

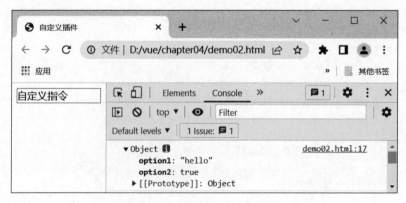

图 4-2　自定义插件的运行结果

Vue.use 会自动阻止多次注册相同的插件,即使多次调用,也只会注册一次该插件。

 ### 4.1.3　组件构造器

Vue.extend 用于为 Vue 构造器创建一个 Vue 子类,它可以对 Vue 构造器进行扩展。下面通过例 4-3 演示 Vue.extend 的使用。

【例 4-3】　Vue.extend 的使用。

(1) 创建 chapter04/demo03.html 文件,具体代码如下:

```
1   <!DOCTYPE html>
2   <html lang="zh">
3   <head>
4       <meta charset="UTF-8">
5       <title>全局 API：Vue.extend</title>
6       <script src="vue.js"></script>
7   </head>
8   <body>
9   <div id="app">
10      <my-com></my-com>
11  </div>
12  <hr />
13  <div id="app2">
14  </div>
15  <script>
16      var Com = Vue.extend({
17          template: '<h3>{{msg}}</h3>',
18          data: function(){
19              return {
20                  msg: '使用 Vue.extend 创建构造器'
21              }
22          }
23      });
24      //组件注册
25      Vue.component('my-com', Com);
26      //new Vue 对象
27      var vm = new Vue({
28          el: '#app'
29      })
30      new Com().$mount('#app2')
31  </script>
32  </body>
33  </html>
```

上述代码中,第 4 行的 Vue.extend()方法返回的 Com 就是 Vue 的子类;第 17 行用于为 Com 定义模板,第 18~22 行用于为新创建的 Com 实例添加 data 数据。使用 Vue. extend 创建的只是一个构造器,而不是一个具体的实例,所以它不能直接在 new Vue 中使用,需要通过 Vue.components 注册才可以使用,如代码第 25~29 行所示;也可以在创建实例时挂载到一个元素上,如代码第 30 行所示。

(2) 在浏览器中打开 demo03.html 文件,运行结果如图 4-3 所示。

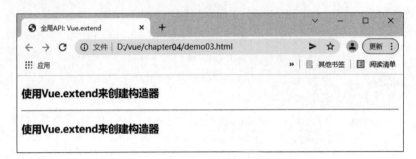

图 4-3 Vue.extend 的运行结果

4.1.4 设置值

使用 Vue 进行开发时经常会遇到 Vue 实例已经创建好,需要再次给数据赋值时不能在视图中改变的情况。Vue 文档中写到,如果在实例创建之后添加新的属性到实例上,则不会触发视图更新。例如在修改一个数组中的一个值或者添加一条数据时,视图不会更新。为此,可以使用 Vue.set 实现。下面通过例 4-4 演示 Vue.set 的使用。

【例 4-4】 Vue.set 的使用。

(1) 创建 chapter04/demo04.html 文件,具体代码如下:

```
1    <!DOCTYPE html>
2    <html lang="zh">
3    <head>
4        <meta charset="UTF-8">
5        <title>全局 API: Vue.set</title>
6    </head>
7    <body>
8    <div id="app">
9        <p v-for="item in arr">{{item}}</p>
10       <button @click="btnHandler()">改变数组元素值</button>
11       <button @click="btnHandler2()">通过 Vue.set 改变数组元素值</button>
12   </div>
13   <script src="vue.js"></script>
14   <script>
15       var vm = new Vue({
16           el: '#app',
```

```
17          data: {
18              arr: ['item1', 'item2', 'item3']
19          },
20          methods: {
21              btnHandler(){
22                  this.arr[1] = 'newValue'
23                  console.log(this.arr)
24              },
25              btnHandler2(){
26                  Vue.set(this.arr, 1, 'newValue--set 改变')
27                  console.log(this.arr)
28              }
29          }
30      })
31 </script>
32 </body>
33 </html>
```

上述代码中,第 17 行的 data 中的 arr 为数组,第 22 行直接修改了该数组的第二个元素的值;第 26 行使用 Vue.set 修改了该数组的第二个元素的值。第 10、11 行分别调用了两种修改方式对应的方法。

(2) 在浏览器中打开 demo.04.html 文件,运行结果如图 4-4 所示。

图 4-4　Vue.set 初始界面

单击【改变数组元素值】按钮,运行结果如图 4-5 所示,会发现数组元素的值发生了改变,但是视图并未修改数据。单击【通过 Vue.set 改变数组元素值】按钮,运行结果如图 4-6 所示,会发现数组元素的值发生了改变,视图显示的数据也得到了更新。

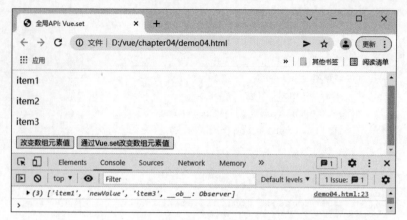

图 4-5　改变数组元素值

图 4-6　通过 Vue.set 改变数组元素值

4.1.5　全局注册混入

Vue.mixin 用于全局注册一个混入(Mixins),它将影响之后创建的每个 Vue 实例。该接口主要供插件作者使用,以在插件中向组件注入自定义的行为。不推荐在应用代码中使用该接口。下面通过例 4-5 演示如何使用 Vue.mixin 为 Vue 实例注入 created()函数。

【例 4-5】　Vue.mixin 的使用。

(1) 创建 chapter04/demo05.html 文件,具体代码如下:

```
1    <!DOCTYPE html>
2    <html lang="zh">
3    <head>
4        <meta charset="UTF-8">
5        <title>全局 API: Vue.mixin</title>
6    </head>
7    <body>
```

```
8     <div id="app">
9     </div>
10    <script src="vue.js"></script>
11    <script>
12      Vue.mixin({
13          created() {
14              varmyOption = this.$options.myOption;
15              if (myOption) {
16                  console.log(myOption.toUpperCase())
17              }
18          }
19      })
20      var vm = new Vue({
21          myOption: 'hello world!'
22      })
23    </script>
24    </body>
25    </html>
```

上述代码中,第 21 行的 myOption 是一个自定义属性,第 12 行通过 Vue.mixin()对 vm 实例中的 myOption 属性进行了处理;第 14～18 行的 created()函数用于在获取 myOption 属性后将其转换为大写字母,并输出到控制台。

(2) 在浏览器中打开 demo05.html 文件,运行结果如图 4-7 所示。

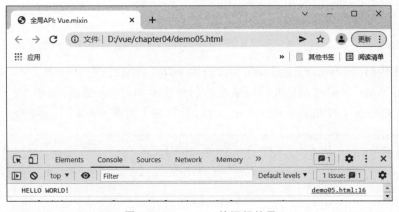

图 4-7　Vue.mixin 的运行结果

上述代码运行后,浏览器控制台会输出"HELLO WORLD!",说明 created()函数的代码已经执行,并成功完成了大小写转换。

4.2　实例属性

实例属性是指 Vue 实例对象的属性,如前面 new Vue 时赋值给 vm,当引用 vm.$data 时,就是使用实例的属性,用来获取 vm 实例中的数据对象。本节将讲解 Vue 中其

他实例属性的使用。

4.2.1 vm.$ el

返回当前 Vue 实例正在管理的 DOM 元素,下面通过例 4-6 进行演示。

【例 4-6】 vm.$ el 的使用。

(1)创建 chapter04/demo06.html 文件,具体代码如下:

```
1   <!DOCTYPE html>
2   <html lang="zh">
3   <head>
4       <meta charset="UTF-8">
5       <title>vm.$el</title>
6   </head>
7   <body>
8   <div id="app">
9   </div>
10  <script src="vue.js"></script>
11  <script>
12      var vm = new Vue({
13          el: '#app'
14      })
15      vm.$el.innerHTML = '<p>你好,Vue</p>'
16      console.log(vm.$el)
17  </script>
18  </body>
19  </html>
```

在上述代码中,第 15 行通过 vm.$ el 获取 DOM 对象后,将 innerHTML 属性设置为 "<p>你好,Vue</p>";第 16 行用来在控制台显示 vm.$ el 的值,如图 4-8 所示。

(2)在浏览器中打开 demo06.html 文件,运行结果如图 4-8 所示。

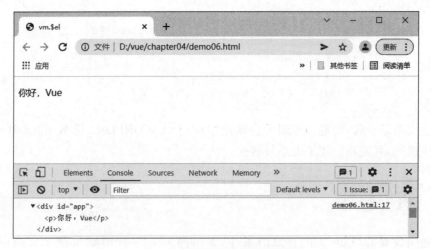

图 4-8　vm.$ el 的运行结果

4.2.2　vm.$ data

返回当前 Vue 实例正在监视的数据对象（data object）。下面通过例 4-7 进行演示。

【例 4-7】　vm.$ data 的使用。

（1）创建 chapter04/demo07.html 文件，具体代码如下：

```
1     <!DOCTYPE html>
2     <html lang="zh">
3     <head>
4         <meta charset="UTF-8">
5         <title>vm.$data</title>
6     </head>
7     <body>
8     <div id="app">
9         <h3>Hello,Vue</h3>
10        <p>{{msg}}</p>
11    </div>
12    <script src="vue.js"></script>
13    <script>
14        var vm = new Vue({
15            el: '#app',
16            data: {
17                msg: 'Hello,Vue'
18            }
19        })
20        vm.$data.msg = '你好,Vue'
21        console.log(vm.$data)
22    </script>
23    </body>
24    </html>
```

在上述代码中，第 15 行通过 vm.$ data 获取 Vue 实例的 data 对象后，将 msg 的属性值更新为"你好,Vue"。如图 4-9 所示，msg 在页面显示为"你好,Vue"。

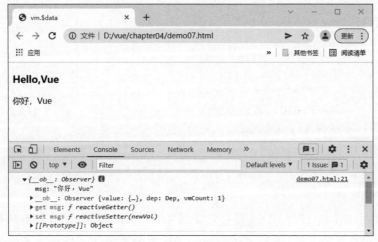

图 4-9　vm.$ data 的运行结果

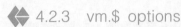

（2）在浏览器中打开 demo07.html 文件，运行结果如图 4-9 所示。

4.2.3　vm.$ options

返回当前 Vue 实例使用的实例化选项，即获取定义在 data 外的数据和方法。Vue 实例初始化时，除了传入指定的选项外，还可以传入自定义选项。如果想调用自定义选项，可以通过 vm.$ options 实现。下面通过例 4-8 进行演示。

【例 4-8】　vm.$ options 的用法。

（1）创建 chapter04/demo08.html 文件，具体代码如下：

```
1    <!DOCTYPE html>
2    <html lang="zh">
3    <head>
4        <meta charset="UTF-8">
5        <title>vm.$options</title>
6    </head>
7    <body>
8    <div id="app">
9        <p>{{msg}}</p>
10   </div>
11   <script src="vue.js"></script>
12   <script>
13       var vm = new Vue({
14           el: '#app',
15           data: {
16               msg: 'Hello,'
17           },
18           name: "张三",
19           fun() {
20               alert("你好,Vue!");
21           },
22           created() {
23               this.msg += this.$options.name
24               this.$options.fun();
25           },
26       })
27       vm.$data.msg = '你好,Vue'
28       console.log(vm.$data)
29   </script>
30   </body>
31   </html>
```

上述代码中，第 18 行的 name 是自定义属性，与 data 不同的是，它不具有响应特性；第 19～21 行是自定义方法；第 22 行的 created 钩子函数会在实例创建完成后开始执行；

第 23 行将自定义属性 name 赋值给了实例对象的 msg 响应属性；第 28 行调用了 Vue 实例中自定义的 fun 方法。示例运行时会先出现弹框，显示"你好，Vue"，如图 4-10 所示，单击【确定】按钮后，页面如图 4-11 所示。

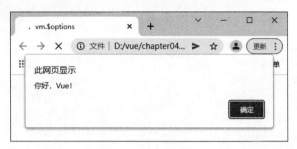

图 4-10　初始界面

图 4-11　单击"确定"按钮后的页面

（2）在浏览器中打开 demo08.html 文件，运行结果如图 4-10 所示。

4.2.4　vm.$root

vm.$root 用于返回当前组件树的根 Vue 实例，如果当前实例没有父实例，则返回它自己。下面通过例 4-9 进行演示。

【例 4-9】　vm.$root 的使用。

（1）创建 chapter04/demo09.html 文件，具体代码如下：

```
1    <!DOCTYPE html>
2    <html lang="zh">
3    <head>
4        <meta charset="UTF-8">
5        <title>vm.$root</title>
6    </head>
7    <body>
8    <div id="app">
9        <my-com></my-com>
10   </div>
11   <script src="vue.js"></script>
12   <script>
```

```
13        Vue.component('my-com', {
14            template: '<button type="button" @click="fun">vm.$root</button>',
15            methods: {
16                fun() {
17                    console.log(this.$root)
18                    console.log(this.$root === vm.$root)
19                }
20            }
21        })
22        var vm = new Vue({
23            el: '#app'
24        })
25    </script>
26    </body>
27    </html>
```

在上述代码中，第 18 行用于在控制台输出 this.$root；第 19 行用于判断 this.$root 和 vm.$root 是否为同一个实例对象，如图 4-12 所示，控制台显示为 true。

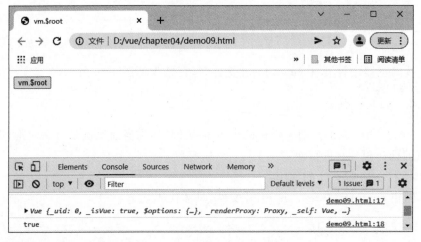

图 4-12　单击【确定】按钮后的页面

（2）在浏览器中打开 demo09.html 文件，并单击【确定】按钮，运行结果如图 4-12 所示。

4.2.5　vm.$children

vm.$children 用于返回当前实例的直接子组件数组。需要注意的是，$children 并不保证顺序。下面通过例 4-10 进行演示。

【例 4-10】　vm.$children 的使用。

（1）创建 chapter04/demo10.html 文件，具体代码如下：

```
1    <!DOCTYPE html>
2    <html lang="zh">
3    <head>
4        <meta charset="UTF-8">
5        <title>vm.$root</title>
6    </head>
7    <body>
8    <div id="app">
9        <p><button @click="child">在控制台查看子组件</button></p>
10       <my-com></my-com>
11       <my-com2></my-com2>
12   </div>
13   <script src="vue.js"></script>
14   <script>
15       var myCom1 = {
16           template: '<h3>组件--{{msg}}</h3>',
17           data(){
18               return {msg: 'hello'}
19           }
20       }
21       var myCom2 = {
22           template: '<h3>组件 2</h3>'
23       }
24       var vm = new Vue({
25           el: '#app',
26           components:{
27               'my-com': myCom1,
28               'my-com2': myCom2
29           },
30           methods: {
31               child() {
32                   console.log(this.$children)
33               }
34           }
35       })
36   </script>
37   </body>
38   </html>
```

在上述代码中,第 15～23 行定义了两个组件,第 26～29 行注册了这两个组件;第 9 行为 button 按钮绑定了单击事件;单击该按钮后会调用第 31 行定义的 child()方法将 this.$children 输出到控制台。

(2) 在浏览器中打开 demo10.html 文件,运行结果如图 4-13 所示。

图 4-13　单击按钮后的显示信息

4.2.6　vm.$ slots

vm.$ slots 是一个对象,键名是所有具名 slot 的名称再加上一个 default,而键值则是一个存放 VNode 节点的数组,用来访问被 slot 分发的内容。每个具名 slot 有其相应的属性(例如:slot="foo"中的内容可以在 vm.$ slots.foo 中找到),default 属性包括所有没有被包含在具名 slot 中的节点。下面通过例 4-11 进行讲解。

【例 4-11】　vm.$ slots 的使用。

(1)创建 chapter04/demo11.html 文件,具体代码如下:

```
1    <!DOCTYPE html>
2    <html lang="zh">
3    <head>
4        <meta charset="UTF-8">
5        <title>vm.$root</title>
6    </head>
7    <body>
8    <div id="app">
9        <my-com>
10           <h3 slot="header">我是 header</h3>
11           <p>我是 default</p>
12           <h4 slot="footer">我是 footer</h4>
13       </my-com>
14   </div>
15   <!--子组件模板 -->
16   <template id="son">
17       <div>
```

```
18            <p>子组件</p>
19            <slot name="header">头部默认内容</slot>
20            <slot name="footer">底部默认内容</slot>
21        </div>
22    </template>
23    <script src="vue.js"></script>
24    <script>
25        Vue.component('my-com',{
26            template: '#son'
27        })
28        var vm = new Vue({
29            el: '#app',
30        })
31        console.log(vm.$children[0].$slots)
32        console.log(vm.$children[0].$slots.header)
33        console.log(vm.$children[0].$slots.header[0].children[0].text)
34    </script>
35    </body>
36    </html>
```

代码第 31～33 行在当前 Vue 实例中引入了组件 my-com，用来访问组件 my-com 中有关 slot 的信息，使用了 vm. $children[0]. $slots；第 32 行中的 vm. $children[0]. $slots.header 则用来访问 my-com 中 name 为 header 的插槽，如图 4-14 所示的值为 VNode 的节点。

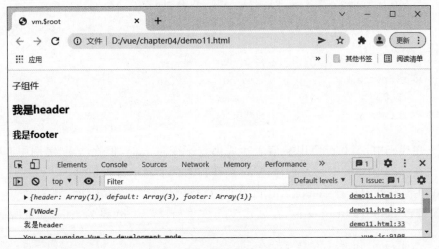

图 4-14　获取插槽内容

（2）在浏览器中打开 demo11.html 文件，运行结果如图 4-14 所示。

4.3　全局配置

Vue.config 是 Vue 的全局配置对象，包含 Vue 的所有全局属性。在开发环境下，Vue 提供了全局配置对象，通过配置可以实现生产信息提示、警告忽略等人性化处理，下面对一些常用的全局配置进行详细讲解。

◆ 4.3.1　silent

silent 可以取消 Vue 的所有日志和警告，值类型为 boolean，默认值为 false。当 silent 设置为 true 时，表示忽略警告和日志，否则不忽略。下面通过例 4-12 进行演示。

【例 4-12】　silent 的使用。

（1）创建 chapter04/demo12.html 文件，具体代码如下：

```
1    <!DOCTYPE html>
2    <html lang="zh">
3    <head>
4        <meta charset="UTF-8">
5        <title>全局配置</title>
6    </head>
7    <body>
8    <div id="app">
9        <div>{{msg}}</div>
10   </div>
11   <script src="vue.js"></script>
12   <script>
13       varvm = new Vue({
14           el: '#app'
15       })
16   </script>
17   </body>
18   </html>
```

在上述代码中，第 9 行使用插值表达式绑定了变量 msg，但在 Vue 实例中并没有将 msg 定义在 data 中。此时运行程序，Vue 会在控制台中显示警告信息。

（2）在浏览器中打开 demo12.html 文件，运行结果如图 4-15 所示。

（3）修改 demo12.html 文件，在创建 Vue 实例前，将 silent 设为 true，如下所示：

```
1    Vue.config.silent = true
2    varvm = new Vue({
3        el: '#app'
4    })
```

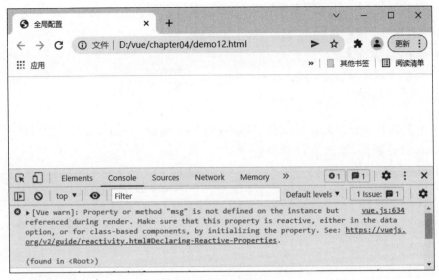

图 4-15　显示警告信息

（4）保存上述代码后，在浏览器中刷新，控制台中的警告信息就消失了。

4.3.2　devtools

devtools 用于配置是否允许 vue-devtools 检查代码，开发版本默认为 true，生产版本默认为 false。生产版本设为 true 可以启用检查。下面通过例 4-13 进行演示。

【例 4-13】　devtools 的使用。

（1）创建 chapter04/demo13.html 文件，具体代码如下：

```
1    <script src="vue.js"></script>
```

（2）在浏览器中打开 demo13.html 文件，在开发者工具中可以看到 Vue 面板，如图 4-16 所示。

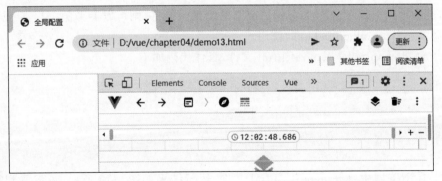

图 4-16　Vue 面板

从图 4-16 可以看出，在默认情况下，该页面允许使用 devtools 进行调试。

（3）在 demo13.html 文件中添加如下代码，在该页面下关闭 devtools 调试：

```
1    <script src="vue.js"></script>
2    <script>
3        Vue.config.devtools = false
4    </script>
```

（4）重新打开 demo13.html 文件，可以看到 Vue 面板消失了，说明当前页面不允许使用 devtools 进行调试，如图 4-17 所示。

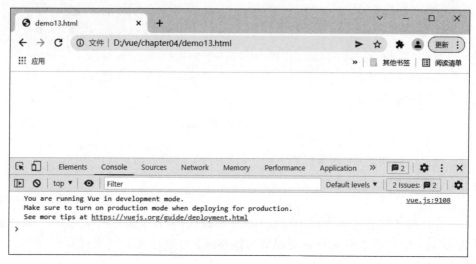

图 4-17　不允许使用 devtools 进行调试

4.3.3　productionTip

当在网页中加载 Vue.js（开发版本）文件时，浏览器的控制台会出现英文提示信息（在之前的案例中均可看到），提醒用户"您正在开发模式下运行 Vue，在生成部署时，请确保打开生产模式"。如果要打开生产模式，则可以使用 vue.min.js 文件代替 vue.js 文件。

如果希望在引入 Vue.js 文件的情况下关闭提示信息，则可以参考例 4-14 实现。

【例 4-14】　productionTip 的使用。

（1）创建 chapter04/demo14.html 文件，具体代码如下：

```
1    <script src="vue.js"></script>
2    <script>
3        Vue.config.productionTip = false
4    </script>
```

（2）在浏览器中打开 demo14.html 文件，运行结果如图 4-18 所示，可以看到控制台中的提示信息消失了，如图 4-18 所示。

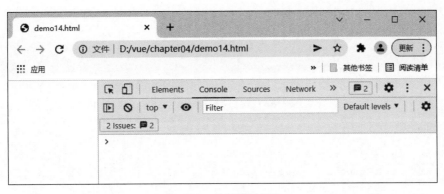

图 4-18　关闭提示信息

4.4　组件进阶

在 Vue 中,组件可以让代码的复用性更强,同时每个组件都拥有自己的作用域,从而降低了代码的耦合度。耦合度降低会让代码量大大减少,函数和代码看起来也会更加清晰,每个函数不相互依存,功能性更加突出。本节将对组件的 mixins(混入)、render(渲染)和 createElement(创建元素)功能进行详细讲解。

4.4.1　mixins

mixins(混入)为分发 Vue 组件中的可复用功能提供了一种非常灵活的方式。一个 mixins 对象可以包含任意组件选项。当组件使用 mixins 对象时,所有 mixins 对象的选项都将被“混合”进入该组件本身的选项。使用组件的 mixins 属性即可实现 mixins。下面通过例 4-15 进行演示。

【例 4-15】　mixins 的使用。

(1) 创建 chapter04/demo15.html 文件,具体代码如下:

```
1    <!DOCTYPE html>
2    <html lang="zh">
3    <head>
4      <meta charset="UTF-8">
5      <title>组件进阶</title>
6    </head>
7    <body>
8    <div id="app">
9    </div>
10   <script src="vue.js"></script>
11   <script>
12     //定义组件
13       var myMixin = {
```

```
14          created() {
15            this.hello()
16          },
17          methods: {
18            hello() {
19              console.log('hello from mixin!')
20            }
21          }
22        }
23        var Component = Vue.extend({
24          mixins: [myMixin]
25        })
26      var component = new Component()
27    </script>
28    </body>
29    </html>
```

在上述代码中,组件中的 mixins 属性用来配置组件选项,其值为自定义选项;第 23 行通过 Vue.extend() 创建了实例构造器 Component;第 24 行将自定义的 myMixin 对象混入 Component 中;第 26 行通过 new 方式完成了组件实例化。

(2)在浏览器中打开 demo15.html 文件,运行结果如图 4-19 所示。

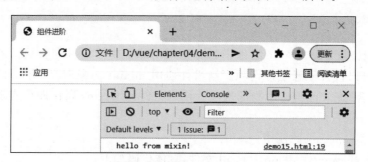

图 4-19　mixins 的运行结果

Vue 组件经过 mixins 混合后会发生组件选项重用,为了解决这个问题,mixins 提供了相应的合并策略,下面分别通过代码进行演示。

(1)数据对象经历递归合并,组件的数据在发生冲突时优先,示例代码如下:

```
1    <script>
2    //定义组件
3    var mixin = {
4      data() {
5        return {message: 'hello'}
6      }
7    }
8    var vm = new Vue({
```

```
9      mixins: [mixin],
10       data() {
11         return {message: 'goodbye'}
12       },
13       created() {
14         console.log(this.$data.message) //输出结果:goodbye
15       }
16     })
17   </script>
```

在上述代码中,第 14 行在输出数据时会先从 vm 实例的 data 函数中获取 message 的值,如果没有获取到,则再去 mixin 中获取。

(2) mixins 中的钩子函数将在组件自己的钩子函数之前调用,示例代码如下:

```
1    var mixin = {
2        created() {
3            console.log('mixin 钩子函数调用')
4        }
5    }
6    var vm = new Vue({
7        mixins: [mixin],
8        created() {
9            console.log('组件钩子函数调用')
10       }
11   })
```

上述代码运行后,首先执行 mixins 中的钩子函数,然后调用组件自己的钩子函数,所以在控制台会先输出"mixin 钩子函数调用",然后输出"组件钩子函数调用"。

4.4.2 render

Vue 推荐在绝大多数情况下使用模板创建 HTML。但有时需要使用 JavaScript 进行完全编程,这时可以使用 render 函数,它比模板更接近编译器。在 Vue 中,可以使用 Vue.render()实现对虚拟 DOM 的操作。

render 的语法如下:

```
1    render: function (createElement) {
2        //createElement 函数返回结果是 VNode
3        return createElement(...)
4    }
```

下面通过例 4-16 演示 Vue.render()函数的使用。

【例 4-16】 Vue.render()函数的使用。

(1) 创建 chapter04/demo16.html 文件,具体代码如下:

```
1   <!DOCTYPE html>
2   <html lang="zh">
3   <head>
4       <meta charset="UTF-8">
5       <title>render</title>
6   </head>
7   <body>
8   <div id="app">
9       <my-com></my-com>
10  </div>
11  <script src="vue.js"></script>
12  <script>
13      Vue.component('my-com', {
14          render: function (createElement) {
15              //第一个参数是一个简单的 HTML 标签字符"必选"
16              //第二个参数是一个包含模板相关属性的数据对象"可选"
17              return createElement('div', {
18                  style: {
19                      color: 'blue',
20                      fontSize: '14px'
21                  },
22                  attrs: {
23                      id: 'render'
24                  },
25                  domProps: {
26                      innerHTML: 'Hello, Vue!'
27                  }
28              })
29          }
30      })
31      var vm = new Vue({
32          el: '#app'
33      })
34  </script>
35  </body>
36  </html>
```

在上述代码中，第 9 行全局注册了 my-com 组件；第 18～29 行定义了渲染函数 render()，该函数接收 createElement 参数，用来创建元素；createElement()函数使用了两个参数，第一个参数表示创建 div 元素，第二个参数为配置对象，在对象中配置了 div 元素的样式、属性和内部显示信息。

（2）在浏览器中打开 demo16.html 文件，运行结果如图 4-20 所示。从图 4-20 可以看出，页面中出现了蓝色的"Hello, Vue"字样，并且在调试窗口中也看到了 id 为 render 的

div 元素,说明 rander()函数执行成功。

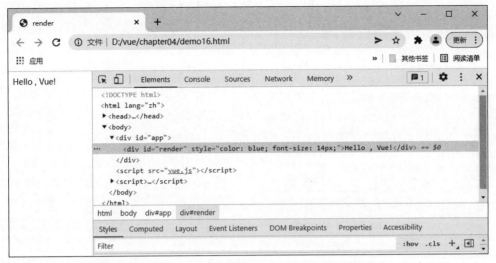

图 4-20 render()函数的运行结果

 4.4.3 createElement

通过 4.4.2 节的学习可知,在 render()函数的返回值中需要调用 createElement()函数创建元素。需要注意的是,createElement()函数返回的并不是一个实际的 DOM 元素,它返回的其实是一个描述节点,用来告诉 Vue 在页面上需要渲染什么样的节点。这个描述节点也称虚拟节点(Virtual Node),简写为 VNode。而"虚拟 DOM"是对由 Vue 组件树建立起来的整个 VNode 树的称呼。

createElement 方法通过 render()函数的参数传递进来,例如,createElement(tag,{},[])或者 createElement(tag,{},String),不过接收的参数不同,共有 3 个参数,tag 是必选参数,后面两个参数都是可选的。

(1)第一个参数 tag(必选)-{String|Object|Function}:主要用于提供 DOM 的 HTML 内容,类型可以是字符串、对象或函数。

(2)第二个参数(可选)-{Object}:用于设置这个 DOM 的一些样式、属性、传递组件的参数、绑定事件等信息。

(3)第三个参数(可选)-{String|Array}:主要是指该节点下还有其他节点,用于设置分发的内容,包括新增的其他组件。

注意:组件树中的所有 VNode 都必须是唯一的。

下面通过例 4-17 进行简单演示。

【例 4-17】 createElement 的使用。

(1)创建 chapter04/demo17.html 文件,具体代码如下:

```
1    <!DOCTYPE html>
2    <html lang="zh">
```

```
3    <head>
4        <meta charset="UTF-8">
5        <title>createElement</title>
6    </head>
7    <body>
8    <div id="app">
9        <my-com>
10           <template slot="header">
11               <div style="background-color:#ccc;height:50px">
12                   这是 header
13               </div>
14           </template>
15           <template slot="content">
16               <div style="background-color:#ddd;height:50px">
17                   这是 content
18               </div>
19           </template>
20           <template slot="footer">
21               <div style="background-color:#eee;height:50px">
22                   这是 footer
23               </div>
24           </template>
25       </my-com>
26   </div>
27   <script src="vue.js"></script>
28   <script>
29       Vue.component('my-com', {
30           render(createElement) {
31               return createElement('div', [
32                   createElement('header', this.$slots.header),
33                   createElement('content', this.$slots.content),
34                   createElement('footer', this.$slots.footer)
35               ])
36           }
37       })
38       varvm = new Vue({el: '#app'})
39   </script>
40   </body>
41   </html>
```

在上述代码中，第 10～24 行在 my-comp 组件中通过 slot 方式定义了 header、content、footer 插槽；第 32～34 行使用 this.$solts 获取了插槽，然后通过 createElement()处理后渲染到了页面中。

（2）在浏览器中打开 demo17.html 文件，运行结果如图 4-21 所示。

图 4-21   createElement 的运行结果

本章小结

本章讲解的内容包括 Vue.directive()、Vue.use() 等常用全局 API 的使用，Vue 常用的实例属性的使用，以及 Vue 全局配置；还介绍了 render 渲染函数以及 createElement 方法的使用。通过本章的学习，读者应能够熟练使用 Vue 完成一些简单的页面操作。

经典面试题

1. 简述什么是 Vue 插件。
2. 简述 Vue 全局 API 接口的主要内容。
3. 简述 Vue 实例对象的主要属性。
4. 简述什么是渲染函数。
5. 简述 createElement 方法参数的使用方法。

上机练习

1. 使用插槽 vm.$slots 实现一个导航栏结构。
2. 创建一个自定义插件，实现一个登录页面。
3. 编写一个使用 render 函数向子组件传递作用域插槽的实例。

第 5 章　Vue 过渡和动画

在 Vue 项目中使用过渡和动画能优化用户体验和页面的交互性、影响用户的行为、引导用户的注意力以及帮助用户看到自己动作的反馈。例如，Vue 导航切换使用了过渡动画，用户体验更友好。本章将结合案例讲解 Vue 项目中过渡和动画的实现，及其在多个元素或组件中的使用方法。

本 章 要 点

- 了解过渡和动画的含义
- 掌握内置过渡类名及自定义类名的使用方法
- 掌握单元素、多元素、多组件的过渡
- 掌握列表过渡的实现方法

励 志 小 贴 士

你无法决定明天是晴是雨，也无法决定此刻的坚持能得到什么。但你能决定今天有没有准备好雨伞，以及是否足够努力。胡思乱想少一点，脚踏实地多一些，就会距离成功更近一步。

5.1 过渡与动画

5.1.1 了解过渡与动画

在 CSS 3 中,过渡属性通过 transition 实现,动画属性通过 animation 实现。Vue 也实现了过渡与动画,在插入、更新或者移除 DOM 时,Vue 提供了多种过渡效果。Vue.js 会在适当的时机触发 CSS 过渡或动画,也可以提供相应的 JavaScript 钩子函数以在过渡过程中执行自定义的 DOM 操作。

Vue 提供了内置的过渡封装组件,即 transition 组件,其语法格式如下:

```
1    <transition name="fade">
2    <!--需要添加过渡的 div 标签-->
3    <div></div>
4    </transition>
```

上述代码中,<transition>标签用来放置需要添加过渡的 div 元素,使用 name 属性可以设置前缀,如果将 name 属性设置为 fade,那么"fade-"就是在过渡中切换的类名前缀,如 fade-enter、fade-leave 等。如果<transition>标签上没有设置 name 属性名,那么"v-"就是这些类名的默认前缀,如 v-enter、v-leave 等。Vue 提供了 6 个 CSS 类名,分别为 v-enter、v-enter-active、v-enter-to、v-leave、v-leave-active、v-leaveto。

通过<transition>标签搭配 CSS 动画(如@keyframes)可以实现动画效果,另外,<transition>标签还提供了一些钩子函数,可以结合 JavaScript 代码完成动画效果,具体内容会在后文讲解。

5.1.2 transition 组件

Vue 提供了 transition 的封装组件,在下列情形中,可以给任何元素和组件添加进入/离开过渡:

- 条件渲染(使用 v-if)
- 条件展示(使用 v-show)
- 动态组件
- 组件根节点

Vue 为 transition 提供了 3 个进入过渡的类和 3 个离开过渡的类,具体如表 5-1 所示。

表 5-1 过渡类型

过渡状态	过渡类型	说 明
	v-enter	进入过渡的开始状态,作用于开始的一帧
进入(enter)	v-enter-active	进入过渡生效时的状态,作用于整个过程
	v-enter-to	进入过渡的结束状态,作用于结束的一帧

续表

过 渡 状 态	过 渡 类 型	说　　明
离开（leave）	v-leave	离开过渡的开始状态，作用于开始的一帧
	v-leave-active	离开过渡生效时的状态，作用于整个过程
	v-leave-to	离开过渡的结束状态，作用于结束的一帧

表 5-1 中，6 个类的生效时间如下。

- v-enter：在元素被插入之前生效，在元素被插入之后的下一帧移除。
- v-enter-active：在整个进入过渡的阶段中应用，在元素被插入之前生效，在过渡动画完成之后移除。
- v-enter-to：在元素被插入之后的下一帧生效（与此同时，v-enter 被移除），在过渡动画完成之后移除。
- v-leave：在离开过渡被触发时立刻生效，下一帧被移除。
- v-leave-active：在整个离开过渡的阶段中应用，在离开过渡被触发时立刻生效，在过渡动画完成之后移除。
- v-leave-to：在离开过渡被触发之后的下一帧生效（与此同时，v-leave 被移除），在过渡动画完成之后移除。

Vue 过渡具体如图 5-1 所示。

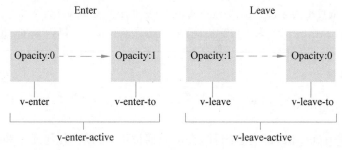

图 5-1　Vue 过渡

下面通过一个案例演示如何使用内置的 class 类名实现过渡。

【例 5-1】　使用内置的 class 类名实现过渡。

（1）创建文件夹 chapter05，在该目录下创建 demo01.html 文件，具体代码如下：

```
1    <!DOCTYPE html>
2    <html lang="zh">
3    <head>
4        <meta charset="UTF-8">
5        <title>Transition 标签</title>
6        <style>
7            .box {
8                width: 200px;
```

```
 9              height: 50px;
10              background-color: orange;
11          }
12          /* 进入和离开的过程 */
13          .fade-enter-active, .fade-leave-active {
14              transition: width 3s; /* width 的变化,动画时间是 3 秒 */
15          }
16          /* 进入的初始状态和离开的结束状态 */
17          .fade-enter, .fade-leave-to {
18              width: 0px;
19          }
20          /* 进入的结束状态和离开的初始状态 */
21          .fade-enter-to, .fade-leave {
22              width: 200px;
23          }
24      </style>
25  </head>
26  <body>
27  <div id="app">
28      <button type="button" @click="show=!show">Toggle</button>
29      <transition name="fade">
30          <div class="box" v-if="show">
31              <h1>Hello,Vue!</h1>
32          </div>
33      </transition>
34  </div>
35  <script src="vue.js"></script>
36  <script>
37      var vm = new Vue({
38          el: '#app',
39          data: {
40              show: true
41          }
42      })
43  </script>
44  </body>
45  </html>
```

在上述代码中,第 29 行将＜transition＞标签的 name 属性值设置为 fade,这里的 fade 是自定义类名前缀,因此在写 CSS 样式时,相对应的类名前缀以"fade-"开头;如果 transition 不设置 name 属性,则第 12～23 行设置的 CSS 类均以"v-"为前缀;第 30 行的 div 元素为一个长方形,通过使用 v-if 指令切换组件的可见性,通过 show 设置显示的状态,这样在单击按钮时,可以通过切换布尔值实现元素的显示和隐藏。在代码的第 12～23 行编写以"fade-"开头的 CSS 样式,以实现动画效果。

（2）在浏览器中打开 demo01.html 文件，运行结果如图 5-2 所示。

图 5-2　运行初始效果

在图 5-2 所示的页面中，单击 Toggle 按钮，会看到图形宽度变化的动画效果，其变化过程中的某个效果如图 5-3 所示。

图 5-3　动画效果

5.2　单元素/组件的过渡

实现过渡动画通常有三种方式，一是使用 Vue 的＜transition＞标签结合 CSS 样式实现动画；二是利用 animate.css 结合 transition 实现动画；三是利用 Vue 中的钩子函数实现动画。下面具体讲解实现过渡动画的三种方式。

5.2.1　使用@keyframes 创建 CSS 动画

使用@keyframes 创建 CSS 动画时，v-enter 类名在节点插入 DOM 后不会立即删除，而是在 animationend（动画结束）事件触发时删除。

@keyframes 规则创建动画是指将一套 CSS 样式逐步演变成另一套样式，在创建动画的过程中可以多次改变 CSS 样式，通过百分比或关键词 from 和 to（等价于 0 和 100%）规定动画的状态。@keyframes 的语法格式如下：

```
1    @keyframes animation-name {
2        keyframes-selector { css-styles; }
3    }
```

在上述语法中，keyframes-selector 表示动画时长的百分比，css-styles 表示一个或者多个合法的 CSS 样式属性。

下面通过例 5-2 演示如何使用@keyframes 创建 CSS 动画。

【例 5-2】　使用@keyframes 创建 CSS 动画。

（1）创建 chapter05/demo02.html 文件，具体代码如下：

```
1    <!DOCTYPE html>
2    <html lang="zh">
3    <head>
4        <meta charset="UTF-8">
5        <title>Transition 标签</title>
6        <style>
7            .box {
8                width: 200px;
9                height: 50px;
10               background-color: orange;
11           }
12           .v-enter-active {
13               animation: animate 1s;
14           }
15           .v-leave-active {
16               animation: animate 1s reverse;
17           }
18           @keyframes animate {
19               0%{
20                   opacity: 0;
21                   transform: translateX(400px) scale(1);
22               }
23               50%{
24                   opacity: .5;
25                   transform: translateX(200px) scale(1.5);
26               }
27               100%{
28                   opacity: 1;
29                   transform: translateX(0) scale(1);
30               }
31           }
32       </style>
33   </head>
34   <body>
35   <div id="app">
36       <button @click="show = !show">click</button>
37       <transition>
38           <div class="box" v-if="show">hello world</div>
39       </transition>
40   </div>
41   <script src="vue.js"></script>
42   <script>
```

```
43          var vm = new Vue({
44              el: '#app',
45              data: {
46                  show: true
47              }
48          })
49     </script>
50     </body>
51     </html>
```

在上述代码中,第 36 行给 button 按钮添加了单击事件,通过单击按钮可以改变变量 show 的值,<transition>标签没有设置 name 属性,所以第 12～17 行的 CSS 样式使用了 "v-"作前缀。第 18～31 行用于通过@keyframes 规则创建名称为 animate 的动画样式,其中,0 表示动画的开始状态,100％表示动画的结束状态。

(2)在浏览器中打开 demo02.html 文件,如图 5-4 所示。

图 5-4　页面初始效果

在图 5-4 所示的页面中,单击 click 按钮,会看到图形变化的动画效果,其变化过程中的某个效果如图 5-5 所示。

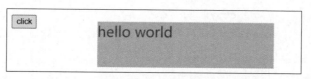

图 5-5　CSS 动画

5.2.2　animate.css 结合 transition 实现动画

animate.css 是一个跨浏览器的 CSS 3 动画库,它内置了很多经典的 CSS 3 动画,使用起来很方便。

animate.css 的官网地址是 https://daneden.github.io/animate.css/。

下面通过例 5-3 讲解如何使用自定义类名和 animate.css 库实现动画效果。

【例 5-3】　使用自定义类名和 animate.css 库实现动画效果。

(1)创建 chapter05/demo03.html 文件,并且引入 animate.css,具体代码如下:

```
1     <!DOCTYPE html>
2     <html lang="zh">
3     <head>
```

```
4          <meta charset="UTF-8">
5          <title>animation.css</title>
6          <link rel="stylesheet"
      href =" https://cdnjs. cloudflare. com/ajax/libs/animate. css/4. 1. 1/
      animate.min.css"/>
7      <style>
8            .box {
9                  width: 200px;
10                 height: 50px;
11                 background-color: orange;
12             }
13          </style>
14      </head>
15      <body>
16      <div id="app">
17          <button @click="show = !show">click</button>
18          <transition
19                  enter-active-class="animated bounceInLeft"
20                  leave-active-class="animated bounceOutLeft" >
21              <div class="box" v-if="show">hello world</div>
22          </transition>
23      </div>
24      <script src="vue.js"></script>
25      <script>
26          var vm = new Vue({
27              el: '#app',
28              data: {
29                  show: true
30              }
31          })
32      </script>
33      </body>
34      </html>
```

　　上述代码中,第 6 行引入了 animate.css 文件,第 19、20 行给<transition>标签设置了 enter-active-class 与 leave-active-class 两个属性,用来自定义类名,属性值为 animate.css 动画库中定义好的类名。例如,第 19 行的 animated bounceInLeft 包含两个类名,animated 是基本的类名,任何想实现动画的元素都要添加它;bounceInLeft 是动画的类名,bounceInLeft 表示入场动画,bounceOutLeft 表示出场动画。

　　(2)在浏览器中运行 demo03.html 文件,单击 click 按钮,即可看到文字显示或隐藏的动画效果,如图 5-6 所示。

图 5-6　初始效果

5.2.3　钩子函数实现动画

除了使用 CSS 动画外，还可以借助 JavaScript 完成动画。＜transition＞标签中定义了一些动画钩子函数，可以用来实现动画，包括如下：

```
1    <transition>
2        @before-enter="beforeEnter"
3        @enter="enter"
4        @after-enter="afterEnter"
5        @enter-cancelled="enterCancelled"
6        @before-leave="beforeLeave"
7        @leave="leave"
8        @after-leave="afterLeave"
9        @leave-cancelled="leaveCancelled"
10       v-bind:css="false">
11   </transition>
```

在上述代码中，入场钩子函数分别是 beforeEnter（入场前）、enter（入场）、afterEnter（入场后）和 enterCancelled（取消入场），出场钩子函数分别是 beforeLeave（出场前）、leave（出场）、afterLeave（场后）和 leaveCancelled（取消出场）；第 10 行为仅使用 JavaScript 过渡的元素添加 v-bind:css="false"，表示 Vue 会跳过 CSS 的检测，以免在过渡过程中受到 CSS 的影响。

下面通过例 5-4 讲解如何使用钩子函数实现动画效果。

【例 5-4】　使用钩子函数实现动画效果。

（1）创建 chapter05/demo04.html 文件，具体代码如下：

```
1    <!DOCTYPE html>
2    <html lang="zh">
3    <head>
4        <meta charset="UTF-8">
5        <title>动画中的 JavaScript 钩子函数的实现</title>
6        <script src="vue.js"></script>
         <style>
             .ball {
7                width: 15px;
8                height: 15px;
```

```
 9              border-radius: 50%;
10              background-color: orangered;
11          }
12      </style>
13  </head>
14  <body>
15  <div id="app" >
16      <input type="button" value="快到碗里来" @click="flag=!flag">
17      <transition
18              @before-enter="beforeEnter"
19              @enter="enter"
20              @after-enter="afterEnter">
21          <div class="ball" v-show="flag"></div>
22      </transition>
23  </div>
24  <script>
25      new Vue({
26          el: '#app',
27          data: {
28              flag: false
29          },
30          methods: {
31              //设置小球开始动画之前的起始位置
32              beforeEnter(el) {
33                  el.style.transform = "translate(0, 0)"
34              },
35              enter(el, done) {
36                  //这句话没有实际的作用,但如果不写,出不来动画效果
37                  //可以认为 el.offsetWidth 会强制动画刷新
38                  el.offsetWidth
39                  el.style.transform = "translate(150px, 450px)"
40                  el.style.transition = 'all 1s ease'
41                  //这里的 done,其实就是 afterEnter 这个函数,也就是说,done 是
                    //afterEnter 函数的引用
42                  done()
43              },
44              afterEnter(el){
45                  //动画完成之后
46                  this.flag = !this.flag
47              }
48          }
49      })
50  </script>
51  </body>
52  </html>
```

上述代码在 methods 中编写了钩子函数,其中,beforeEnter 表示动画入场之前,此时动画尚未开始,可以在 beforeEnter 中设置元素开始动画之前的起始样式;enter 表示动画开始之后的样式;afterEnter 表示动画完成之后要执行的处理。

(2)在浏览器中运行 demo04.html 文件,单击按钮会出现一个小红点,如图 5-7 所示。

图 5-7　使用钩子函数实现动画效果

上述代码中,所有的钩子函数都会传入 el 参数(el 为 elemen 的缩写),el 指动画＜transition＞包裹的标签。其中,enter 和 leave 是动画钩子函数,还会传入 done 作为参数,用来告知 Vue 动画结束。在 enter 和 leave 中,当与 CSS 结合使用时,回调函数 done 是可选的,而当使用 JavaScript 过渡时,回调函数 done 是必需的,否则过渡会立即完成。enterCancelled 和 leaveCancelled 动画钩子函数只能应用于 v-show 中。

5.3　多个元素的过渡

5.2 节介绍的过渡都是针对单个元素或单个组件的。transition 组件在同一时间只能显示一个元素,当有多个元素时,需要使用 v-if、v-else 和 v-else-if 区分显示条件,如果是相同元素,则需要绑定不同的 key 值,否则 Vue 会复用元素,无法产生动画效果。本节将讲解如何实现多个元素的过渡。

5.3.1　不同标签名元素的过渡

不同标签名元素可以使用 v-if 和 v-else 进行过渡,最常见的不同标签名元素的过渡是一个列表或表格和描述这个列表或表格为空消息的元素。

下面通过例 5-5 演示不同标签名元素的过渡。

【例 5-5】　不同标签名元素的过渡。

(1)创建 chaper05/demo05.html 文件,具体代码如下:

```
1    <!DOCTYPE html>
2    <html lang="zh">
3    <head>
4        <meta charset="UTF-8">
5        <title>多元素过渡</title>
6        <style type="text/css">
7            .fade-enter,
```

```
 8              .fade-leave-to{
 9                  opacity: 0;
10              }
11              .fade-enter-active,
12              .fade-leave-active{
13                  transition: opacity 2s ease
14              }
15          </style>
16      </head>
17      <body>
18      <div id="app" >
19          <!--数据显示及数据信息提示 -->
20          <button @click="clear">Clear All</button>
21          <button @click="reset">Reset</button>
22          <transition name="fade">
23              <ul v-if="items.length >0">
24                  <li v-for="item in items">{{item}}</li>
25              </ul>
26              <p v-else key="none">No Data!</p>
27          </transition>
28      </div>
29      <script src="vue.js"></script>
30      <script type="text/javascript">
31          new Vue({
32              el: '#app',
33              data: {
34                  items: ['javascript', 'html5','css3', 'jQuery', 'Vue'],
35                  show: true
36              },
37              methods: {
38                  clear: function(){
39                      this.items.splice(0);
40                  },
41                  reset: function(){
42                      history.go();
43                  }
44              }
45          })
46      </script>
47      </body>
48      </html>
```

在上述代码中,第 23 行使用 v-if 判断 items.length 的长度,如果长度大于 0,就显示 <ul> 标签中的列表内容,否则显示第 26 行的 <p> 标签的内容。单击 Clear All 按钮,过渡显示 <p> 标签,如图 5-8 所示;单击 Reset 按钮,重新加载 items 中的数据。

（2）在浏览器中打开 demo05.html 文件，如图 5-9 所示。

图 5-8　运行初始效果

图 5-9　切换显示＜p＞标签的内容

5.3.2　相同标签名元素的过渡

当有相同标签名的元素相互切换时，需要通过 key 特性设置唯一值进行标记，从而让 Vue 区分它们。

下面通过例 5-6 演示当有相同标签名 button 时如何设置 key 值实现切换。

【例 5-6】　设置 key 值实现切换。

创建 chapter05/demo06.html 文件，具体代码如下：

```
1   <!DOCTYPE html>
2   <html lang="zh">
3   <head>
4       <meta charset="UTF-8">
5       <title>多元素过渡</title>
6       <style type="text/css">
7           .fade-enter,
8           .fade-leave-to{
9               opacity: 0;
10          }
11          .fade-enter-active,
12          .fade-leave-active{
13              transition: opacity 2s ease
14          }
15      </style>
16  </head>
```

```
17    <body>
18    <div id="app" >
19        <!--多元素相同标签,使用 key 标记 -->
20        <button @click="show=!show">Toggle</button>
21        <transition name="fade">
22            <p v-if="show" key="save">Save</p>
23            <p v-else key="cancel">Cancel</p>
24        </transition>
25    </div>
26    <script src="vue.js"></script>
27    <script type="text/javascript">
28        new Vue({
29            el: '#app',
30            data: {
31                show: true
32            }
33        })
34    </script>
35    </body>
36    </html>
```

上述代码实现了通过单击第 20 行的 button 按钮切换第 22、23 行的 save 和 cancel 两个段落。当变量 isShow 为 true 时,显示 save 段落;为 false 时显示 cancel 段落。

在一些场景中,可以给同一个元素的 key 特性设置不同的状态以代替 v-if 和 v-else。上述案例中的效果可以使用如下代码实现:

```
1    <!--动态绑定 key-->
2    <button @click="show= !show">Toggle</button>
3    <transition name="fade">
4        <p v-bind:key="isEditing">
5            {{show? 'Save': 'Cancel'}}
6        </p>
7    </transition>
```

5.4 多个组件的过渡

多个组件之间的过渡不需要使用 key 特性,只需要使用动态组件即可。动态组件需要通过 Vue 中的<component>标签绑定 is 属性,以实现多组件的过渡。

下面通过例 5-7 演示如何实现多个组件的过渡。

【例 5-7】 多个组件的过渡。

(1) 创建 chapter05/demo07.html 文件,具体代码如下:

```
1    <!DOCTYPE html>
2    <html lang="zh">
3    <head>
4        <meta charset="UTF-8">
5        <title>多组件过渡</title>
6        <style>
7            .fade-enter-active, .fade-leave-active {
8                transition: opacity .5s ease;
9            }
10           .fade-enter, .fade-leave-to {
11               opacity: 0;
12           }
13       </style>
14   </head>
15   <body>
16       <!--定义登录组件 -->
17       <template id="example1">
18           <span>我是登录组件</span>
19       </template>
20       <!--定义注册组件 -->
21       <template id="example2">
22           <span>我是注册组件</span>
23       </template>
24       <div id="app">
25           <a href="javascript:;" @click="compontentName='example1'">登录</a>
26           <a href="javascript:;" @click="compontentName='example2'">注册</a>
27           <transition name="fade" mode="in-out">
28               <component:is="compontentName"></component>
29           </transition>
30       </div>
31   <script src="vue.js"></script>
32   <script type="text/javascript">
33       Vue.component('example1', {template: '#example1'})
34       Vue.component('example2', {template: '#example2'})
35       var vm = new Vue({
36           el: '#app',
37           data: { compontentName: '' }
38       })
39   </script>
40   </body>
41   </html>
```

上述代码中,第 16 ～ 23 行定义了两个组件 example 和 example2;第 27 行为
<transition>标签设置了 mode 属性为 in-out;第 28 行使用了 component 组件的 is 属性
以实现组件切换,is 属性用于根据组件名称的不同切换显示不同的组件控件。

上述代码使用了 CSS 3 中的 transition 动画过渡属性,用于控制元素的透明度。

(2) 在浏览器中打开 demo07.html 文件,当切换"登录"和"注册"状态时,新元素会先进行过渡,完成之后,当前元素会过渡离开。初始效果如图 5-10 所示。

图 5-10 初始效果

5.5 列表过渡

5.5.1 什么是列表过渡

列表过渡需要使用 v-for 和 transition-group 组件实现,示例代码如下:

```
1    <transition-group name="list" tag="div">
2      <span v-for="item in items":key="item">
3    {{ item }}
4      </span>
5    </transition-group>
```

上述代码中,外层的<transition-group>标签相当于给每个被包裹的 span 元素在外面添加了一个<transition>标签,也相当于把列表的过渡转换为单个元素的过渡。transition-group 组件会以一个真实元素的形式呈现,在页面中默认渲染成<span>标签,可以通过 tag 属性修改,如<transition-group tag="div">渲染出来的就是 div 标签。

小提示:

(1) 列表的每项都需要进行过渡,列表在循环时要给每个列表项添加唯一的 key 属性值,这样列表才会有过渡效果;

(2) 在进行列表过渡时,过渡模式不可用,这是因为不再互相切换特有的元素。

5.5.2 列表的进入和离开过渡

下面通过一个简单的案例讲解列表过渡,通过 name 属性自定义 CSS 类名前缀,以实现进入和离开的过渡效果。具体如例 5-8 所示。

【例 5-8】 列表的进入和离开过渡。

(1) 创建 chapter05/demo08.html 文件,具体代码如下:

```
1    <!DOCTYPE html>
2    <html lang="zh">
```

```
3    <head>
4        <meta charset="UTF-8">
5        <title>列表过渡</title>
6        <style>
7            .item {
8                border: 1px dashed #999999;
9                line-height: 35px;
10               width: 100%;
11           }
12           /* 开始插入或移除结束的位置变化 */
13           .list-ul-enter,
14           .list-ul-leave-to {
15               opacity: 0;
16               transform: translateY(80px);
17           }
18           /* 插入或移除元素的过程 */
19           .list-enter-active, .list-leave-active {
20               transition: all 1s;
21           }
22        </style>
23    </head>
24    <body>
25    <div id="app">
26        <transition-group name="list-ul" tag="div">
27            <div v-for="item in list" :key="item.id"
28    class="item">{{item.name}}</div>
      </transition-group>
29      <hr/>
30      <div>
31      <label>ID:<input type="text" v-model="id"></label>
32      <label>Name:<input type="text" v-model="name"></label>
33      <button type="button" @click="add">Add</button>
34      </div>
35        <button type="button" @click="del">Remove</button>
36    </div>
37    <script src="vue.js"></script>
38    <script>
39        new Vue({
40            el: '#app',
41            data: {
42                id:'',
43                name:'',
44                list:[
```

```
45                    {id:1,name:'甲'},
46                    {id:2,name:'乙'},
47                    {id:3,name:'丙'},
48                    {id:4,name:'丁'}
49                ]
50            },
51            methods: {
52                randomIndex () {
53                    return Math.floor(Math.random() * this.list.length)
54                },
55                add() {
56                    this.list.push({id:this.id, name:this.name});
57                    this.id = this.name = '';
58                },
59                del(id) {
60                    var index = this.list.findIndex(
61                        item => {
62                            return id == item.id;
63                        }
64                    );
65                    this.list.splice(this.randomIndex(), 1);
66                }
67            }
68        })
69    </script>
70    </body>
71    </html>
```

上述代码中，第 33、35 行给两个 button 按钮分别绑定了 add 和 del 单击事件，实现单击后随机插入或随机移除一个元素，在插入或移除的过程中会有过渡动画。

（2）在浏览器中打开 demo08.html 文件，查看页面效果，如图 5-11 所示。单击 Add 或者 Remove 按钮会有过渡动画出现。

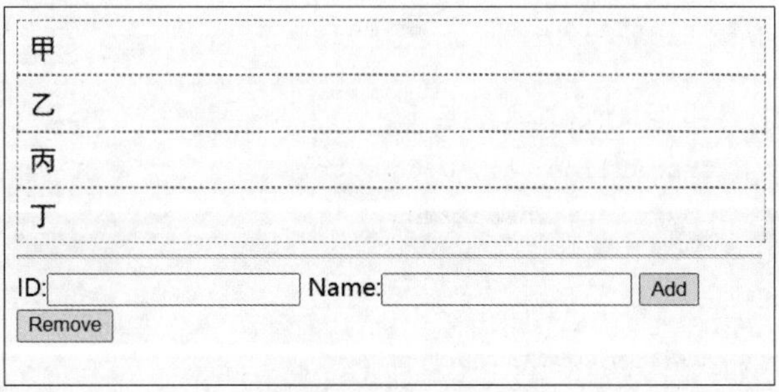

图 5-11　初始运行效果

5.5.3　列表的排序过渡

在例 5-8 中,当插入或移除元素时,虽然有过渡动画,但是周围的元素会瞬间移动到新的位置,而不是平滑过渡。为了实现平滑过渡,可以借助 v-move 特性,它对于设置过渡的切换和过渡曲线非常有用。

v-move 特性会在元素改变定位的过程中应用,它同之前的类名一样,可以通过 name 属性自定义前缀(例如 name="list-ul"对应的类名是 list--move)。

下面通过在例 5-8 的基础上创建新的案例进行演示。

【例 5-9】　列表的排序过渡。

(1) 创建 chapter05/demo09.html,具体代码如下:

```
1    <!DOCTYPE html>
2    <html lang="en">
3    <head>
4        <meta charset="UTF-8">
5        <title>列表动画</title>
6        <style>
7            li {
8                border: 1px dashed #999999;
9                line-height: 35px;
10               width: 100%;
11           }
12           li:hover {
13               background-color: #5bc0de;
14               transition: all 0.8s ease;
15           }
16           .list-ul-enter,
17           .list-ul-leave-to {
18               opacity: 0;
19               transform: translateY(80px);
20           }
21           .list-ul-enter-active {
22               transition: all 0.6s ease;
23           }
24           .list-ul-leave-active {
25               transition: all 0.6s ease;
26               position: absolute;
27           }
28
29           /* 元素定位改变时的动画 */
30           .list-ul-move{
31               transition: all 1s;
```

```
32                display: inline-block;
33            }
34        </style>
35    </head>
36    <body>
37    <div id="app">
38        <transition-group name="list-ul" tag="div">
39            <div v-for="item in list":key="item.id">{{item.name}}</div>
40        </transition-group>
41        <hr/>
42        <div>
43            <label>ID:<input type="text" v-model="id"></label>
44            <label>Name:<input type="text" v-model="name"></label>
45            <button type="button" @click="add">Add</button>
46        </div>
47        <!--transition-group 添加 appear 属性实现页面刚展示出来时的入场效果
48        -->
        <transition-group appear tag="ul" name="list-ul">
49            <li v-for="item in list":key="item.id">
50                <button type="button" @click="del(item.id)">删除</button>
51                {{item.id}} --{{item.name}}
            </li>
52        </transition-group>
53    </div>
54    <script src="vue.js"></script>
55    <script>
56        new Vue({
57            el: '#app',
58            data: {
59                id:'',
60                name:'',
61                list:[
62                    {id:1,name:'甲'},
63                    {id:2,name:'乙'},
64                    {id:3,name:'丙'},
65                    {id:4,name:'丁'}
66                ]
67            },
68            methods: {
69                add() {
70                    this.list.push({id:this.id, name:this.name});
71                    this.id = this.name = '';
72                },
```

```
73              del(id) {
74                  var index = this.list.findIndex(
75                      item =>{
76                          return id == item.id;
77                      }
78                  );
79                  this.list.splice(index, 1);
80              }
81          }
82      })
83  </script>
84  </body>
85  </html>
```

（2）在浏览器中打开 demo09.html 文件，可以看到在插入或移除元素时实现了平滑过渡，如图 5-12 所示。

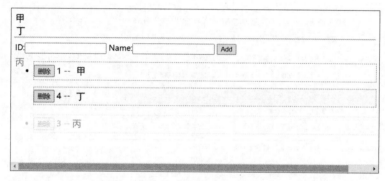

图 5-12　删除元素时的过渡效果

本章小结

本章讲解了如何使用 Vue 的过渡和动画实现想要的效果，内容包括 transition 组件的使用、自定义类名、结合第三方 CSS 动画库 animate.css 实现过渡动画、在过渡钩子函数中使用 JavaScript 进行操作，以及多元素、多组件、列表过渡的实现。

经典面试题

1. 简述 6 个内置的过渡类名。
2. 简述在 Vue 中有哪些情形可以给元素和组件添加进入/离开过渡。
3. 简述单元素/组件过渡实现的 3 种方式。
4. 简述多个元素过渡效果的实现方法。

5. 简述列表过渡的实现方法。

上机练习

1. 编写一个登录页面,使用 Tab 栏实现"账号登录"和"用户注册"这两种方式的切换,并通过 transition 组件结合 animate.css 实现切换时的动画效果。

2. 实现单击一个按钮后切换一个 div 区域的展开和收起效果。

第 6 章　Vue 路由

由于 Vue 在开发时对路由支持的不足,官方补充了 Vue Router 插件。Vue 的单页面应用是基于路由和组件的,路由用于设定访问路径,并将路径和组件映射起来。传统的页面应用是用一些超链接实现页面切换和跳转的。在 Vue Router 单页面应用中,路径之间的切换实际上是组件之间的切换,路由就是 SPA(单页应用)的路径管理器。通俗地说,Vue Router 就是 WebApp 的链接路径管理系统。

本章要点

- 了解 Vue 路由
- 理解前端路由与后端路由
- 掌握路由的配置
- 掌握动态路由的两种传参方式
- 掌握 Vue 中的程序化导航
- 理解命名路由方法

励志小贴士

人和人之间的差距往往不是突然拉开的,而是在日积月累中逐渐拉开的。人生不是短跑,而是一场马拉松。唯有懂得自我增值、持续学习,才能在时代的浪潮中立于不败之地。

6.1 初识路由

路由(routing)是指分组从源到目的地时决定端到端路径的网络范围的进程。路由是工作在 OSI 参考模型的第三层(网络层)的数据包转发设备。路由通过转发数据包实现网络互连,主要用于连接多个在逻辑上分开的网络,逻辑网络代表一个单独的网络或者一个子网,可以通过路由完成不同网络之间的数据传递。Vue 中也引入了路由的概念。

程序开发中的路由根据不同的 URL 地址展示不同的内容或页面,分为后端路由和前端路由,下面分别进行简要介绍。

6.1.1 后端路由

后端路由通过用户请求的 URL 分发到具体的处理程序,浏览器每次跳转到不同的 URL 都会重新访问服务器。服务器收到请求后会将数据和模板组合,返回 HTML 页面和 HTML 模板,由前端 JavaScript 程序再去请求数据,并使用前端模板和数据进行组合,以生成最终的 HTML 页面。

- 优点:分担了前端的压力,HTML 和数据的拼接都由服务器完成。
- 缺点:当项目十分庞大时加大了服务器端的压力,同时在浏览器端不能输入制定的 URL 路径访问指定模块。另外,如果当前网速过慢,则会延迟页面的加载,用户体验不是很友好。

6.1.2 前端路由

前端路由把不同路由对应的不同内容或页面的任务交给前端负责,每次跳转到不同的 URL 都使用前端的锚点路由。随着单页应用的不断普及和前后端开发分离,目前的项目基本上都使用前端路由,在项目使用期间,页面不会重新加载。

前端路由在单页面应用,大部分页面结构不变,只改变部分内容的使用。

优点:

- 用户体验好,和后台网速没有关系,不需要每次都从服务器获取全部数据,可以快速将页面展现给用户。
- 可在浏览器中输入指定的 URL 路径地址。
- 实现了前后端的分离,方便开发,很多框架都带有路由功能模块。

缺点:

- 使用浏览器的前进、后退时会重新发送请求,没有合理地利用缓存。
- 单页面无法记住之前滚动的位置,无法在前进和后退时记住滚动的位置。

前端路由的工作原理如图 6-1 所示。

在图 6-1 中,index.html 后面的"♯/home"是 hash 方式的路由,由前端路由处理,将 hash 值与页面中的组件对应,当 hash 值为"♯/home"时显示"首页组件"。

前端路由在访问一个新页面时仅仅是变换了一下 hash 值而已,并没有和服务器端交互,所以不存在网络延迟,从而提升了用户体验。

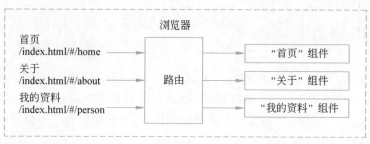

图 6-1　前端路由的工作原理

Vue Router 是 Vue 官方推出的路由管理器，主要用于管理 URL、实现 URL 和组件的对应，以及通过 URL 进行组件之间的切换，从而使构建单页面应用变得更加简单。本节将针对 Vue Router 进行详细讲解。

6.2.1　Vue Router 的工作原理

单页面应用的核心思想之一是更新视图而不重新请求页面，简单来说，它在加载页面时不会加载整个页面，只会更新某个指定容器中的内容。对于大多数单页面应用，推荐使用官方支持的 Vue Router。

在实现单页面前端路由时，有两种实现方式：基于 hash 模式和基于 HTML5 History 模式。

1. hash 模式

Vue Router 默认为 hash 模式，这里的 hash 是指 URL 后的"＃"及后面的字符。这里的"＃"和 CSS 中的"＃"是一个意思。hash 即"＃"意味着锚点，本身是用来做页面定位的，它可以使对应 id 的<element>元素显示在可视区域内。由于 hash 值的变化不会导致浏览器向服务器发出请求，而且 hash 值的改变会触发 JavaScript 的 hashchange 事件，浏览器的前进和后退也能对其进行控制，所以在 HTML5 的 History 出现前，人们基本都是使用 hash 实现前端路由的。

hash 值是用来感知浏览器动作的，对服务器没有影响，HTTP 请求中也不会包含 hash 值，同时，每次改变 hash 值，都会在浏览器的访问地址中增加一个记录，单击【后退】按钮就可以回到上一个位置。所以，hash 模式是根据 hash 值进行改变的，即根据不同的值渲染指定 DOM 位置的不同数据。

2. HTML5 History 模式

HTML5 规范提供了 history.pushState 和 history.replaceState 以进行路由控制，使用这两个方法可以改变 URL 且不向服务器发送请求，同时不会像 hash 一样有一个"＃"，更加美观。

1）history.pushState(state,title,url)

向浏览器新增一条历史记录,但是不会刷新当前页面(不会重载),单击浏览器的【后退】按钮即可退回之前的页面。

（1）state:一个与添加的记录相关联的状态对象,主要用于 popstate 事件。

（2）title:新页面的标题,但是现在所有的浏览器都会忽视这个参数,所以这里可以填空字符串。

（3）url:新的网址,必须与当前页面处在同一个域,浏览器的地址栏将显示这个网址。

2）history.replaceState(state,title,url)

更改当前浏览器的历史记录,即把当前执行此代码页面的记录替换掉,单击浏览器的【后退】按钮无法退回之前的页面。

pushState 方法和 replaceState 方法只能导致 history 对象发生变化,从而改变当前地址栏的 URL,但浏览器不会向后端发送请求,也不会触发 popstate 事件。

当 Vue Router 使用 History 模式时,需要在路由规则配置中增加 mode:'history',示例代码如下:

```
1    const router = new VueRouter({
2      mode: 'history',
3    routes: [...]
4    })
```

6.2.2 Vue Router 的安装和使用

Vue Router 可以实现用户单击页面中的 A 按钮时页面显示 A 内容,单击 B 按钮时页面显示 B 内容。换言之,用户单击的按钮和页面显示的内容之间存在映射关系。

使用 Vue Router 前,需要了解路由中的 3 个基本概念:route、routes、router。

具体含义如下。

- route:表示这是一条路由,单数形式。如"A 按钮＝＞A 内容"表示一条 route,"B 按钮＝＞B 内容"表示另一条 route。
- routes:表示这是一组路由,把 route 的每条路由组合起来形成一个数组,如"[{A 按钮＝＞A 内容},{B 按钮＝＞B 内容}]"。
- router:这是一个机制,充当路由的管理者。因为 routes 只定义了一组路由,那么当用户单击 A 按钮时,需要做什么呢? 这时 router 就起作用了,它需要到 routes 中查找对应的 A 内容,然后在页面中显示 A 内容。

Vue Router 的安装方式有以下几种。

1）直接引入方式

```
1    https://unpkg.com/vue-router@4
```

unpkg.com 提供基于 npm 的 CDN 链接。上面的链接将始终指向 npm 上的最新版本。还可以通过输入 https://unpkg.com/vue-router@4.0.5/dist/vue-router.global.js 地址完成引入。

2）npm 方式

```
1    npm install vue-router@ 4
```

3）yarn 方式

```
1    yarn add vue-router@ 4
```

下面通过一个案例演示 Vue Router 的使用。

【例 6-1】 Vue Router 的使用。

（1）创建文件夹 chapter06，在该目录下创建 demo01.html 文件，具体代码如下：

```
1    <!DOCTYPE html>
2    <html lang="zh">
3    <head>
4        <meta charset="UTF-8">
5        <title>Vue 路由</title>
6    </head>
7    <body>
8
9    <div id="app">
10       <div>
11           <router-link to="/">首页</router-link>
12           <router-link to="/about">关于我们</router-link>
13       </div>
14       <div>
15           <router-view></router-view>
16       </div>
17   </div>
18   <script src="vue.js"></script>
19   <script src="vue-router.js"></script>
20   <script>
21       //创建组件
22       var home = {
23           template:'<h1>首页</h1>'
24       }
25       var about = {
26           template:'<h1>关于我们</h1>'
27       }
28       const routes=[
29           //配置路由匹配规则
```

```
30          {
31              path:'/',
32              component:home
33          },
34          {
35              path:'/about',
36              component:about
37          }
38      ];
39      var router=new VueRouter({
40          routes:routes
41      });
42      var vm = new Vue({
43          el:'#app',
44          //将路由规则对象注册到 vm 实例
45          router:router
46      })
47  </script>
48  </body>
49  </html>
```

需要注意的是,在引入 vue-router.js 之前,必须先引入 vue.js,这是因为 vue-router 需要在全局 Vue 的实例上挂载 vue-router 的相关属性。

上述代码中,<router-view>和<router-link>是 vue-router 提供的元素,<router-view>用作占位符,以将路由规则中匹配到的组件展示到<router-view>中。<router-link>支持用户在具有路由功能的应用中导航,通过 to 属性指定目标地址,默认渲染成带有正确链接的<a>标签,此处通过配置 tag 属性生成<span>标签。另外,当目标路由成功激活时,链接元素将自动设置一个表示激活的 CSS 属性值 router-link-active。

当导入 Vue Router 包之后,在 window 全局对象中就存在了一个路由的构造函数 Vue Router。第 39~41 行代码为构造函数 Vue Router 传递了一个配置的 route 对象数组 routes,第 28~38 行代码为该数组的定义,route 对象必须包含 path 和 component 属性,path 表示监听路由链接地址,component 表示如果路由是前面匹配到的 path,则展示 component 属性对应的组件;第 45 行代码将路由规则对象注册到 vm 实例,以此监听 URL 地址的变化,从而展示相应的组件。

(2) 在浏览器中打开 demo01.html 文件,会看到页面中出现"首页"和"关于我们"两个链接,单击不同的链接会出现不同的组件,效果如图 6-2 和图 6-3 所示。

图 6-2　vue-router 之首页

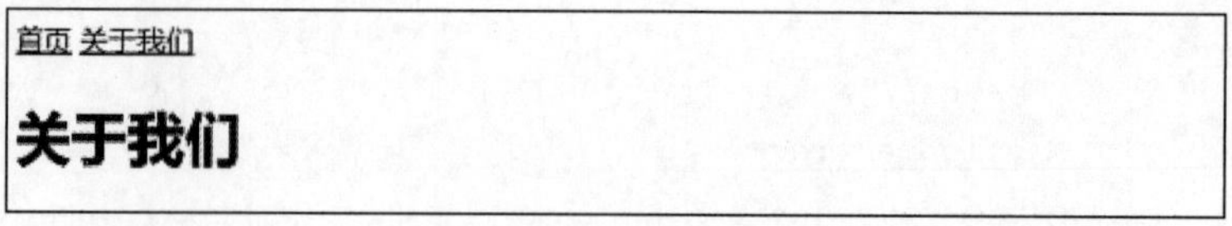

首页 关于我们

关于我们

图 6-3　vue-router 之关于我们

当前 URL 地址的末尾出现了"♯/about",表示当前的路由地址。

6.2.3　路由对象的属性

Vue Router 进行路径匹配时支持动态片段(片段指 URL 中的一部分)、全匹配片段以及查询参数。对于解析过的路由,这些信息都可以通过路由上下文对象(从现在起称其为路由对象)访问。在使用 Vue Router 时,路由对象会被注入每个组件,赋值为 this. $route,并且当路由切换时,路由对象会被更新。

路由对象包含以下属性。

- $route.path:字符串,即当前路由对象的路径,会被解析为绝对路径,如"/foo/bar"。
- $route.params:对象,包含路由中的动态片段和全匹配片段的键值对。
- $route.query:对象,包含路由中查询参数的键值对,例如,对于/foo? user＝1,会得到 $route.query.user＝＝1。
- $route.router:路由规则所属的路由器(及其所属的组件)。
- $route.matched:数组,包含当前匹配的路径中包含的所有片段对应的配置参数对象。
- $route.name:当前路径的名字。

6.3　动态路由

6.3.1　什么是动态路由

前文讲到的路由都是严格定义匹配好的,只有当 router-link 中的 to 属性和 JavaScript 中定义的路由中的 path 一样时,才会显示对应的 component。但在实际开发时,这种方式是明显不足的,例如,当用户访问网站且成功登录之后,页面会显示"欢迎您＋用户名",不同的登录用户只有"用户名"部分不同,其他部分是一样的,这就相当于一个组件,这里假设是 User 用户组件。此时,不同的用户(使用 id 区分)都会导航到同一个 User 组件,在这种情况下配置路由时,需要把用户 id 作为参数传入,这就需要利用动态路由实现。在 Vue Router 的路由路径中,可以使用动态路径参数(dynamic segment)给路径的动态部分匹配不同的 id,示例代码如下:

```
1    { path: "/user/:id",component: user }
```

在上述代码中,":id"表示用户 id,它是一个动态的值。

需要注意的是,动态路由在来回切换时,由于它们都指向同一组件,因此 Vue 不会销毁再重新创建这个组件,而是复用这个组件。也就是说,当用户第一次单击(如 user1)时,Vue 会把对应的组件渲染出来,然后在 user1、user2 来回切换时,这个组件不会发生变化,组件的生命周期不能用了,如果想要在组件来回切换时进行一些操作,就需要在组件内部利用 watch 监听 $route 的变化,示例代码如下:

```
1   watch: {
2     $route (to, from) {
3           //对路由变化做出响应
4     }
5   }
```

上述代码利用 watch 监听 $route 的变化,to 和 from 是两个对象,to 表示目标组件,from 表示来源组件。

 6.3.2 query 方式传参

query 方式传参使用 path 匹配路由,然后通过 query 传递参数。在这种情况下,query 传递的参数会显示在 URL 后面,形如"url?参数...";在获取参数时使用"this. $route.query.参数"。下面通过例 6-2 具体说明。

【例 6-2】 query 方式传参。

(1) 创建 chapter06/demo02.html 文件,具体代码如下:

```
1    <!DOCTYPE html>
2    <html lang="zh">
3    <head>
4        <meta charset="UTF-8">
5        <title>Vue 路由</title>
6    </head>
7    <body>
8    <div id="app">
9        <div>
10           <router-link to="/">首页</router-link>
11           <router-link to="/about?info=前端路由 &name=vue">关于我们
12   </router-link>
13       </div>
14       <div>
15           <router-view></router-view>
16       </div>
17   </div>
18   <script src="vue.js"></script>
```

```
19    <script src="vue-router.js"></script>
20    <script>
21        //创建组件
22        var home = {
23            template:'<h1>首页</h1>'
24        }
25        var about = {
26            template:'<h1>关于我们：{{this.$route.query.info}}</h1>',
27            created() {
28                console.log(this.$route)      //用 this.$route 接收参数
29            }
30        }
31        const routes=[
32            {
33                path:'/',
34                component:home
35            },
36            {
37                path:'/about',
38                component:about
39            }
40        ];
41        var router=new VueRouter({
42            routes:routes
43        });
44        var vm = new Vue({
45            el:'#app',
46            //将路由规则对象注册到 vm 实例
47            router:router
48        })
49    </script>
50    </body>
51    </html>
```

上述代码中，第 11 行使用 router-link 的 to 属性指定了目标地址 about 组件，并通过查询字符串的形式把两个参数 info 和 name 传递过去，第 27 行在组件的 created 生命周期钩子函数中输出了 this.$route，第 26 行使用 this.$route.query.info 获取了参数 info 的值。

（2）在浏览器中打开 demo02.html 文件，单击"关于我们"链接，效果如图 6-4 所示。

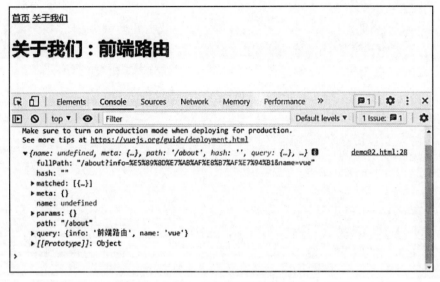

图 6-4　query 方式传参

6.3.3　params 方式传参

params 方式传参的参数会通过 to 的路径进行描述；path 设置的"路径参数"使用"："标记。当匹配到一个路由时，参数值会被设置到 this.$route.params 中。下面通过例 6-3 具体说明。

【例 6-3】　params 方式传参。

（1）创建 chapter06/demo03.html 文件，具体代码如下：

```
1    <!DOCTYPE html>
2    <html lang="zh">
3    <head>
4        <meta charset="UTF-8">
5        <title>Vue 路由</title>
6    </head>
7    <body>
8    <div id="app">
9        <div>
10           <router-link to="/U001/VUE">首页</router-link>
11           <router-link to="/about">关于我们</router-link>
12       </div>
13       <div>
14           <router-view></router-view>
15       </div>
16   </div>
17   <script src="vue.js"></script>
18   <script src="vue-router.js"></script>
```

```
19    <script>
20      //创建组件
21      var home = {
22        template:'<h1>首页: {{this.$route.params.uid}}-
23    {{this.$route.params.uname}}</h1>'
24      }
25      var about = {
26        template:'<h1>关于我们</h1>'
27      }
28      const routes=[
29        {
30          path:'/:uid/:uname',
31          component:home
32        },
33        {
34          path:'/about',
35          component:about
36        }
37      ];
38      var router=new VueRouter({
39        routes:routes
40      });
41      var vm = new Vue({
42        el:'#app',
43        router:router
44      })
45    </script>
46    </body>
47    </html>
```

在上述代码中,第 10 行使用 router-link 的 to 属性指定了目标地址 home 组件,直接把两个参数值 U001 和 VUE 传递过去;第 30 行在 path 路径中以冒号的形式设置参数,传递的参数是 uid 和 uname,这两个参数需要对 URL 进行解析,也就是对<router-link>标签的 to 属性值"/U001/VUE"进行解析。

(2)在浏览器中打开 demo03.html 文件,单击"首页"链接,效果如图 6-5 所示。

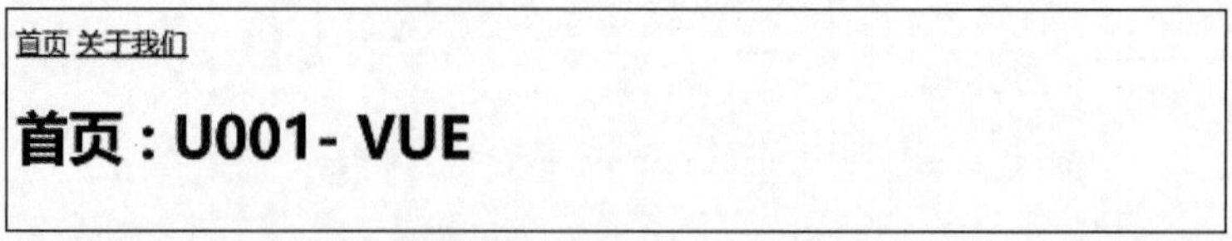

首页 关于我们
首页: U001- VUE

图 6-5　params 方式传参

6.4 嵌套路由

6.4.1 什么是嵌套路由

一些应用程序的 UI 由嵌套多个级别的组件组成,在这种情况下,很常见的是 URL 的段对应于嵌套组件的某种结构,如图 6-6 所示。

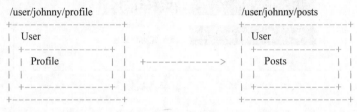

图 6-6 嵌套路由举例

在 Vue Router 中,可以使用嵌套路由配置表达这种关系。简而言之,嵌套路由就是在路由里面嵌套它的子路由。

嵌套子路由的属性是 children,children 也是一组路由,相当于前面讲到的 routes, children 可以像 routes 一样配置路由数组。每个子路由里面可以嵌套多个组件。子组件又有路由导航和路由容器,示例代码如下:

```
1    <router-link to="/父路由地址/要去的子路由"></router-link>
```

当使用 children 属性实现子路由时,子路由的 path 属性前不要带"/",否则会以根路径开始请求,这样不方便用户理解 URL 地址。

图 6-6 所示组件的路由设置的具体代码如下:

```
1    const routes = [
2      {
3        path: '/user/:id',
4        component: User,
5        children: [
6          {
7            path: 'profile',
8            component: UserProfile,
9          },
10         {
11           path: 'posts',
12           component: UserPosts,
13         },
14       ],
15     },
16   ]
```

在上述代码中,第 5~14 行配置的是子路由。

6.4.2　嵌套路由案例

1. 案例分析

下面通过一个案例讲解路由嵌套的应用,案例完成后的效果如图 6-7 所示。

图 6-7　页面运行初始效果

在图 6-7 中,页面打开后会自动重定向到课程介绍 course 组件,即【课程介绍】页面,该页面下有两个子页面,分别是 JavaScript 和 Vue。

单击 JavaScript 或 Vue 链接,URL 会跳转到 course/js 组件或 course/vue 组件,如图 6-8 和图 6-9 所示。

图 6-8　跳转到 js 组件

图 6-9　跳转到 vue 组件

2. 代码实现

【例 6-4】　嵌套路由的代码实现。

创建 chapter06/demo04.html,具体代码如下:

```
1    <!DOCTYPE html>
2    <html lang="zh">
3    <head>
4        <meta charset="UTF-8">
5        <title>Vue 路由</title>
6        <style>
7            ul, li {
```

```
8            list-style: none
9        }
10       #app {
11           width: 100%;
12           display: flex;
13           flex-direction: row;
14       }
15       ul {
16           width: 200px;
17           flex-direction:column;
18           color:#fff;
19           margin-right: 15px;
20       }
21       li {
22           flex: 1;
23           background: blue;
24           margin:15px auto;
25           text-align: center;
26           line-height: 30px;
27       }
28       .about-detail {
29           flex:1;
30           margin-left: 30px;
31       }
32    </style>
33 </head>
34 <body>
35
36 <div id="app">
37    <ul>
38       <router-link to="/course" tag="li">课程介绍</router-link>
39       <router-link to="/contact" tag="li">联系我们</router-link>
40    </ul>
41    <router-view></router-view>
42 </div>
43 <!--子组件模板-->
44 <template id="course-tmp">
45    <div class="course-detail">
46       <h1>课程简介</h1>
47       <router-link to="/course/js">Javascript</router-link>
48       <router-link to="/course/vue">Vue</router-link>
49       <router-view></router-view>
50    </div>
51 </template>
52 <template id="contact-tmp">
53    <div class="about-detail">
```

```
54              <h1>联系我们</h1>
55              <p>Email: xxx@91isoft.com</p>
56          </div>
57      </template>
58      <script src="vue.js"></script>
59      <script src="vue-router.js"></script>
60      <script>
61          //组件的模板对象
62          var course = {template: '#course-tmp'}
63          var contact = {template: '#contact-tmp'}
64          //子路由的组件模板对象
65          varjs = {
66              template: '<p>Javascript 为 html 页面提供动态效果...</p>'
67          }
68          var vue = {
69              template: '<p>Vue 是优秀的前端 MVVM 框架</p>'
70          }
71          const router = new VueRouter({
72              routes: [
73                  {
74                      path: '/',
75                      redirect: '/course'         //路由重定向
76                  },
77                  {
78                      path: '/course',
79                      component: course,
80                      children: [
81                          {path: 'js', component: js},
82                          {path: 'vue', component: vue}
83                      ]
84                  },
85                  {
86                      path: '/contact',
87                      component: contact
88                  }
89              ]
90          })
91          var vm = new Vue({
92              el: '#app',
93              router: router
94          })
95      </script>
96      </body>
97      </html>
```

在上述代码中,第 38、39 行使用<router-link>标签的 to 属性添加了 course 和

contact 链接;第 41 行使用<router-view>标签给子模板提供了插入位置;第 47、48 行是
course 组件的两个子路由;第 49 行的<router-view>标签为 course 组件的子路由提供了
插入位置;第 71～90 行创建了路由对象 router,配置路由匹配规则,其中,第 75 行的
redirect 属性用于设置路由重定向,所以在页面初始化加载时,显示的是 course 组件的内
容;第 80～83 行使用 children 属性给 course 父组件定义了两个子路由,分别是 js 和 vue。

6.5 程序化导航

在前面的开发中,当进行页面切换时,都是通过<router-link>标签实现的,这种方式
属于声明式导航。为了更方便地在项目中开发导航功能,Vue 提供了编程式导航,也就是
利用 JavaScript 代码实现地址的跳转,通过 router 实例方法实现。下面进行详细讲解。

6.5.1 页面导航的两种方式

页面导航的两种方式如下。

(1)声明式导航:通过单击链接实现导航的方式叫作声明式导航。例如:普通网页
中的 <a></a>链接或 Vue 中的<router-link></router-link>链接。

(2)编程式导航:通过调用 JavaScript 形式的 API 实现导航的方式叫作编程式导航。
例如:普通网页中的 location.href 方法或 Vue 中的 router.push 方法。

Vue 中的两种导航方式如图 6-10 所示。

声明式	编程式
`<router-link :to="...">`	`router.push(...)`

图 6-10 声明式导航与编程式导航

6.5.2 router.push()

要想导航到不同的 URL,需要使用 router.push()方法,这个方法会向 history 栈添加
一个新的记录,所以,当用户单击浏览器的【后退】按钮时,就会回到之前的 URL。

该方法的参数可以是一个字符串路径,也可以是一个描述地址的对象,例如:

```
1    //字符串
2    router.push('home')
3    //对象
4    router.push({ path: 'home' })
5    //命名的路由
6    router.push({ name: 'user', params: { userId: '123' }})
7    //带查询参数,变成/register? plan=private
8    router.push({ path: 'register', query: { plan: 'private' }})
```

在参数对象中，如果提供了 path，则 params 会被忽略，为了传递参数，需要提供路由的 name 属性(6.6 节会介绍该属性)或者手写带有参数的 path，示例代码如下：

```
1    constuserId = '123'
2    router.push({ name: 'user', params: { userId }})      // /user/123
3    router.push({ path: `/user/${userId}` })              // /user/123
4    //这里的 params 不生效
5    router.push({ path: '/user', params: { userId }})     // /user
```

下面通过例 6-5 具体介绍 router.push()方法的使用，以及使用 query 与 params 两种方式传递参数。

【例 6-5】 router.push()方法的使用。

(1) 创建文件 chapter06/demo05.html，具体代码如下：

```
1    <!DOCTYPE html>
2    <html lang="zh">
3    <head>
4        <meta charset="UTF-8">
5        <title>Vue 路由</title>
6    </head>
7    <body>
8    <div id="app">
9        <div>
10           <button type="button" @click="queryHandler">query 传参</button>
11           <button type="button" @click="paramsHandler">params 传参
12    </button>
13       </div>
14       <div>
15           <router-view></router-view>
16       </div>
17    </div>
18    <script src="vue.js"></script>
19    <script src="vue-router.js"></script>
20    <script>
21        //创建组件
22        var query = {
23            template:'<div><h3>query 传参方式</h3><p>{{this.$route.query.
             userId}} --{{this.$route.query.userName}}</p></div>'
24        }
25        var params = {
             template: '<div><h3>params 传参方式</h3><p>{{this.$route.
             params.uId}} --{{this.$route.params.uName}}</p></div>'
26        }
```

```
27    const routes=[
28        {
29            path:'/query',
30            component:query
31        },
32        {
33            path:'/params',
34            name: 'params',
35            component:params
36        }
37    ];
38    var router=new VueRouter({
39        routes:routes
40    });
41    var vm = new Vue({
42        el:'#app',
43        router:router,
44        methods: {
45            queryHandler(){
46                this.$router.push({
47                    path: '/query',
48                    query: {
49                        userId: 'U001',
50                        userName: '张三'
51                    }
52                })
53            },
54            paramsHandler() {
55                this.$router.push({
56                    name: 'params',
57                    params: {
58                        uId: 'user002',
59                        uName: 'lisi'
60                    }
61                })
62            }
63        }
64    })
65    </script>
66    </body>
67    </html>
```

上述代码中,第10行为按钮绑定了 queryHandler 方法,第45~53行是该方法的具
体实现,该方法使用 query 属性设置了要传递的参数,第23行使用 this.$route.query 获
取了 query 方式传递的参数,单击该按钮后的运行效果如图6-11所示,query 方式传参的

参数会在地址栏展示。

第 11 行为按钮绑定了 paramsHandler 方法,第 54～62 行是该方法的具体实现,该方法使用 name 描述要跳转的路由,使用 params 属性设置了要传递的参数,第 25 行使用 this. \$ route. params 获取了 params 方式传递的参数,第 32～36 行为 params 配置了 name 属性,单击该按钮后的运行效果如图 6-12 所示。

(2) 在浏览器中打开 demo05.html 文件,效果如图 6-12 所示。

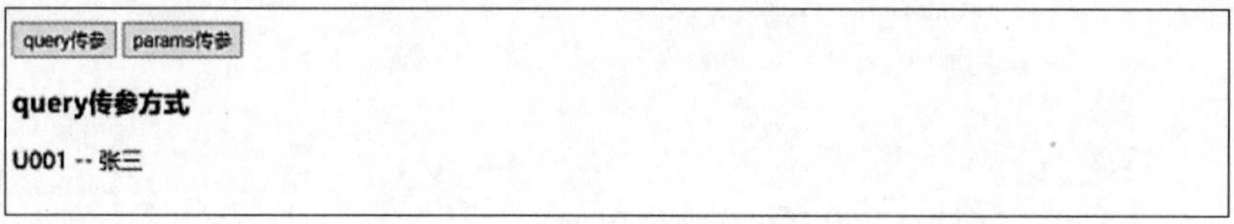

图 6-11　使用 query 方式传参

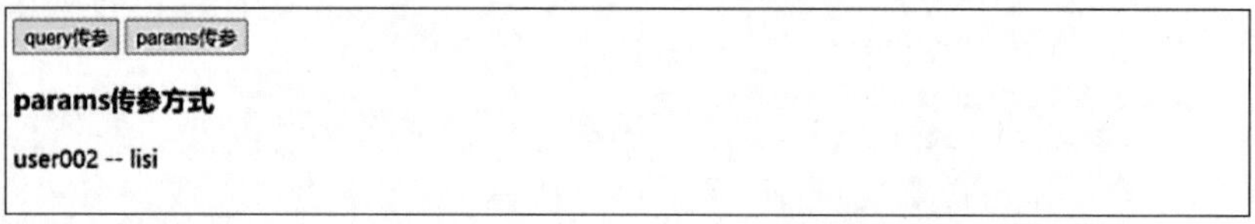

图 6-12　使用 params 方式传参

6.5.3　router.go()

router.go()方法的参数是一个整数,表示在 history 历史记录中前进或后退多少步,类似于 window.history.go()。this. \$ router.go(-1)相当于 history.back(),表示后退一步;this. \$ router.go(1) 相当于 history.forward(),表示前进一步,功能类似于浏览器上的【后退】和【前进】按钮,相应的地址栏也会发生改变。下面通过例 6-6 进行演示。

【例 6-6】　router.go()方法的使用。

(1) 创建 chapter06/demo06.html 文件,具体代码如下:

```
1    <!DOCTYPE html>
2    <html lang="zh">
3    <head>
4        <meta charset="UTF-8">
5        <title>Vue 路由</title>
6    </head>
7    <body>
8    <div id="app">
9        <button @click="goBack">后退</button>
10   </div>
11   <script src="vue.js"></script>
12   <script src="vue-router.js"></script>
13   <script>
14       var router = new VueRouter()
15       var vm = new Vue({
```

```
16          el: '#app',
17          methods: {
18              goBack() {
19                  this.$router.go(-1)        //使用 this.$router.go()进行后退操作
20              }
21          },
22          router
23      })
24  </script>
25  </body>
26  </html>
```

（2）在浏览器中打开 demo06.html 文件，单击【后退】按钮，浏览器会执行后退操作。

6.6　命名路由

6.6.1　什么是命名路由

可以在创建 Router 实例时在 Routes 配置中给某个路由设置名称，即命名路由，也可以在创建 Router 实例时在 Routes 中给某个路由设置名称 name 值。通过一个名称标识一个路由会显得更方便，特别是在链接一个路由或者执行一些跳转时，即通过路由的名称取代路径地址直接使用。像这种命名路由的方式，无论 path 有多长、多烦琐，都能直接通过 name 属性引用，十分方便。

6.6.2　综合案例

下面通过一个案例讲解命名路由的使用。

【例 6-7】　命名路由的使用。

（1）创建 chapter06/demo07.html 文件，具体代码如下：

```
1   <!DOCTYPE html>
2   <html lang="zh">
3   <head>
4       <meta charset="UTF-8">
5       <title>Vue路由</title>
6   </head>
7   <body>
8   <div id="app">
9       <router-link:to="{name:'user',params:{id:123}}">登录
10  </router-link>
11      <router-view></router-view>
12  </div>
13  <script src="vue.js"></script>
```

```
14    <script src="vue-router.js"></script>
15    <script>
16        //创建 user 组件
17        var user = {
18            template: '<h3>我是 user 组件</h3>',
19            created() {
20                console.log(this.$route)
21            }
22        }
23        //创建路由对象
24        var router = new VueRouter({
25            routes: [{
26                path: '/user/:id',
27                name: 'user',
28                component: user
29            }]
30        })
31        var vm = new Vue({
32            el: '#app',
33            router
34        })
35    </script>
36    </body>
37    </html>
```

在上述代码中,第 23～29 行用来创建路由对象 router,并在 routes 中配置路由匹配规则,第 26 行为路由进行命名,对应页面中的 name:'user'。

第 19 行在组件的 created()钩子函数中输出了 this.$route 的结果,当单击【登录】按钮时,会跳转到指定的路由地址。

(2) 在浏览器中打开 demo07.html 文件,单击【登录】按钮后如图 6-13 所示。

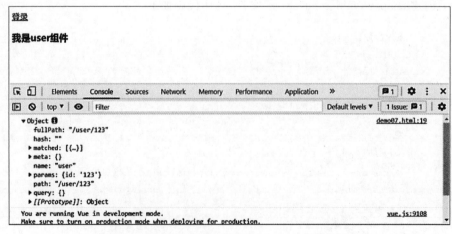

图 6-13　单击【登录】按钮后 this.$route 的输出结果

6.7　命名视图

6.7.1　什么是命名视图

在开发中,有时需要同时或同级展示多个视图,而不是嵌套展示,这时可以在页面中定义多个单独命名的视图。例如,创建一个布局,包含 header(头部区域)、Sidebar(侧导航区域)和 mainbox(主体区域)3 个视图,这时就可以使用命名视图实现。

使用<router-view>标签可以为视图命名,它主要用来展示路由跳转后的组件。在<router-view>标签上定义的 name 属性表示视图的名字,可以根据不同的 name 值展示不同的页面,如 left、main 等。如果<router-view>标签没有设置名字,那么其默认为 default。

6.7.2　综合案例

下面通过一个案例讲解命名视图的使用。

【例 6-8】　命名视图的使用。

(1) 创建 chapter06/demo08.html 文件,具体代码如下:

```
1    <!DOCTYPE html>
2    <html lang="zh">
3    <head>
4        <meta charset="UTF-8">
5        <title>命名视图</title>
6    </head>
7    <body>
8    <style>
9        .news {
10           width: 200px;
11           float: left;
12           border: 1px #188eee solid;
13       }
14       .slide {
15           width: 200px;
16           float: left;
17           border: 1px #000 solid;
18           margin-left: 10px;
19       }
20    </style>
21    <div id="app">
22        <router-view></router-view>
23        <router-view class="news" name="news"></router-view>
24        <router-view class="slide" name="slide"></router-view>
```

```
25    </div>
26    <template id="header">
27        <div>
28            <h3>我是头部</h3>
29        </div>
30    </template>
31    <template id="news">
32        <div>
33            <h3>今日新闻</h3>
34            <div>
35                <li v-for="v in news">{{v.title}}</li>
36            </div>
37        </div>
38    </template>
39    <template id="slide">
40        <div>
41            <h3>slide</h3>
42            <div>
43                <li v-for="v in data">{{v.title}}</li>
44            </div>
45        </div>
46    </template>
47    <script src="vue.js"></script>
48    <script src="vue-router.js"></script>
49    <script>
50        var header = {
51            template: "#header"
52        }
53        var news = {
54            template: "#news",
55            data() {
56                return {
57                    news: [
58                        {title: '新闻一'},
59                        {title: '新闻二'},
60                    ]
61                }
62            }
63        }
64        var slide = {
65            template: "#slide",
66            data() {
67                return {
```

```
68              data: [
69                  {title: 'slide-01'},
70                  {title: 'slide-02'},
71              ]
72          }
73      }
74  }
75  const routes = [
76      {
77          path: '/',
78          components: {
79              'default': header,
80              'news': news,
81              'slide': slide
82          }
83      }
84  ]
85  var router = new VueRouter({routes});
86  new Vue({
87      el: "#app",
88      router
89  });
90  </script>
91  </body>
92  </html>
```

上述代码中,第 22 行的<router-view>标签没有设置 name 名字,表示默认渲染
default 对应的组件;第 23、24 行分别设置了 name 值为 news 和 slide,表示渲染其对应的
组件;第 78 行使用了 components 进行配置,这是因为一个视图只能使用一个组件渲染,
如果在一个视图中使用多个视图,就需要多个组件;第 79 行设置了 header 组件对应的
name 值为 default;第 80 行设置了 news 对应的 name 值为 news;第 81 行设置了 slide 组
件对应的 name 值为 slide。

(2) 在浏览器中打开 demo08.html 文件,运行结果如图 6-14 所示。

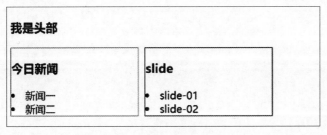

图 6-14　命名视图页面布局

本章小结

　　本章主要讲解了 Vue 中路由的基本概念、路由对象的属性、Vue Router 的基本使用方法，并通过案例讲解了如何使用 query 和 params 方式传递参数、动态路由和路由嵌套的使用、命名视图和命名路由的方法，最后讲解了使用 Vue Router 的路由实例方法实现编程式导航的参数传递及获取。

经典面试题

　　1. 简述前端路由和后端路由的区别。
　　2. 简述路由配置的主要属性。
　　3. 简述动态路由的两种传参方式。
　　4. 简述实现简单页面导航的方式。
　　5. 简述什么是命名路由及其优势。

上机练习

　　使用 Vue 路由相关知识动手实现 Tab 栏切换实例，要求如下。
　　(1) 创建一个 components/Manage.vue 组件，用来展示页面内容。
　　(2) 创建 3 个子路由，分别是【在职正式员工】【实习生】【已离职】页面，在每个子路由页面单独写出相应的内容，页面效果如图 6-15 所示。

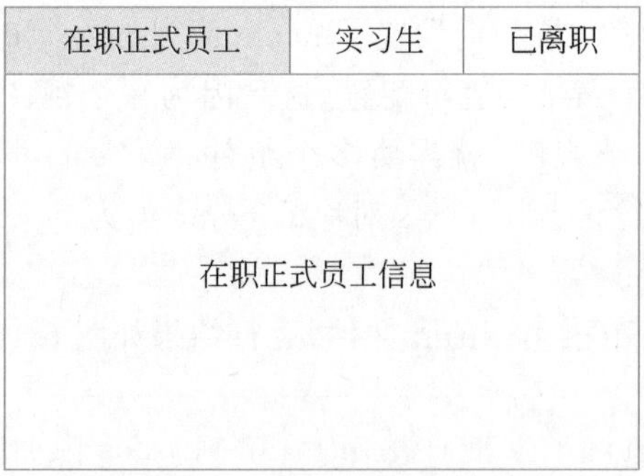

在职正式员工	实习生	已离职
在职正式员工信息		

图 6-15　Tab 栏切换页面效果

第 7 章　Vuex 状态管理

Vuex 是一个专为 Vue.js 应用程序开发的状态管理模式,它采用集中式存储管理应用的所有组件的状态,并以相应的规则保证状态以一种可预测的方式发生变化。Vuex 可以帮助用户管理共享状态,并提供更多的概念和框架。

本章要点

- 掌握 Vuex 的安装方法
- 了解 Vuex 的核心概念
- 熟悉 Vuex 的 API
- 掌握并实现购物车案例功能

励志小贴士

时间很公平,你把它花在哪里,它就在哪里结果。如果你认真生活,时间定会给你奖励;如果你浑浑噩噩度日,理想就会离你越来越远。踏踏实实前进,哪怕速度慢一点,生活也会给你满意的结果。

7.1　初识 Vuex

7.1.1　什么是 Vuex

　　Vuex 是适用于在开发 Vue 项目时使用的状态管理工具。试想一下，如果在一个项目的开发过程中频繁地使用组件传参的方式同步 data 中的值，那么一旦项目变得很庞大，管理和维护这些值将是相当棘手的工作。为此，Vue 为这些被多个组件频繁使用的值提供了一个统一的管理工具——Vuex。在具有 Vuex 的 Vue 项目中，只需要把这些值定义在 Vuex 中，即可在整个 Vue 项目的组件中使用它们。

　　下面通过一段简单的代码演示 Vuex 的使用。

　　【例 7-1】　Vuex 的使用。

　　创建 chapter07 目录，在该目录下创建 demo01.html 文件，具体代码如下：

```
1    <!DOCTYPE html>
2    <html>
3    <head>
4      <meta charset="UTF-8">
5      <title>Document</title>
6      <script src="lib/vue.js"></script>
7      <script src="lib/vuex.js"></script>
8    </head>
9    <body>
10     <div id="app">
11       <p>{{this.$store.state.name}}</p>
12     </div>
13     <script>
14       //创建实例对象 store
15       var store = new Vuex.Store({
16         state: {
17           name: 'Vuex.js 直接引用'
18         }
19       })
20       var vm = new Vue({
21         el: '#app',
22         store
23       })
24     </script>
25   </body>
26   </html>
```

　　上述代码创建了一个 Vuex 的 Store 实例，Store 实例中定义了一个 state，state 中定义了一个 name 变量,然后只需要把 store 注入 Vue 实例,就可以在引用这个 Store 实例的任何 Vue 实例中使用相应的 name 数据了。

7.1.2　状态管理模式

下面从一个简单的 Vue 计数应用开始讲解状态管理模式。

【例 7-2】　Vue 计数应用。

创建 chapter7/demo02.html 文件,具体代码如下:

```
1   <!DOCTYPE html>
2   <html>
3     <head>
4     <meta charset="UTF-8">
5     <title>Document</title>
6     <script src="lib/vue.js"></script>
7     <script src="lib/vuex.js"></script>
8   </head>
9   <body>
10  <div id="app">
11  </div>
12  <script>
13    new Vue({
14      el:'#app',
15      //state
16      data () {
17        return {
18          count: 0
19        }
20      },
21      //view
22      template: `
23    <div>{{ count }}<button @click="increment">+</button></div>`,
24      //actions
25      methods: {
26        increment () {
27          this.count++
28        }
29      }
30    })
31  </script>
32  </body>
33  </html>
```

这个状态自管理应用包含以下 3 部分。

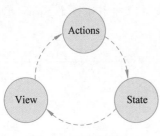

图 7-1　单向数据流

（1）State：驱动应用的数据源。

（2）View：以声明方式将 state 映射到视图。

（3）Actions：响应 view 上的用户输入导致的状态变化。

图 7-1 是表示"单向数据流"理念的简单示意图。

但是，当应用的多个组件共享状态时，单向数据流的简洁性很容易被破坏。

（1）多个视图依赖于同一状态。

（2）来自不同视图的行为需要变更同一状态。

对于问题（1），传参的方法对于多层嵌套的组件将会变得非常烦琐，并且对于兄弟组件之间的状态传递无能为力。对于问题（2），经常采用父子组件直接引用或者通过事件变更和同步状态的多份拷贝。以上模式都非常脆弱，通常会导致出现无法维护的代码。

因此，为什么不把组件的共享状态抽取出来，以一个全局单例模式管理呢？在这种模式下，组件树构成了一个巨大的"视图"，不管在树的哪个位置，任何组件都能获取状态或者触发行为。

通过定义和隔离状态管理中的各种概念，并通过强制规则维持视图和状态之间的独立性，代码将会变得更加结构化且易维护。

7.1.3　Vuex 的下载和安装

Vuex 通常有两种安装方式：一种是直接通过＜script＞标签引入 vuex.js 文件；另一种是在 npm 中安装，下面分别进行讲解。

1. 直接下载 CDN 引用

下载地址：https://unpkg.com/vuex。

CDN 地址：https://cdn.bootcdn.net/ajax/libs/Vuex/3.6.2/vuex.js。

在 Vue 之后引入 Vuex：

```
1    <script src="lib/vue.js"></script>
2    <script src="lib/vuex.js"></script>
```

2. npm 导入 Vuex 包

在使用 Webpack 进行 Vue 开发时，Vue 和 Vuex 都是通过 npm 安装的，下面通过实例进行演示。

（1）创建项目并进入 demo3 项目文件夹。

```
1    Vue create demo3
2    cd demo03
```

（2）执行如下命令以安装 Vuex。

```
1     npm install vuex --save
```

（3）创建 src\store\index.js 文件，用来导出 store 实例，具体代码如下：

```
1     import { createStore } from 'vuex'
2     export default createStore({
3       state: {
4         name: '正在使用 Vuex'
5       },
6       mutations: {
7       },
8       actions: {
9       },
10      modules: {
11      }
12    })
```

Vuex 应用的状态 state 都应当存放在 index.js 里面，Vue 组件可以从 index.js 里面获取状态，可以把 store 通俗地理解为一个全局变量的仓库。

但是 store 和单纯的全局变量又有一些区别，这主要体现在当 store 中的状态发生改变时，相应的 Vue 组件也会得到高效更新。

（4）修改 src\main.js 文件，在 Vue 实例中注册 store 实例，具体代码如下：

```
1     import { createApp } from vue
2     import App from './App.vue'
3     import router from './router'
4     import store from './store'
5     createApp(App).use(store).use(router).mount('#app')
```

（5）修改 App.vue 文件，具体代码如下：

```
1     <template>
2       <div id="app">
3         <p>{{name}}</p>
4       </div>
5     </template>
6     <script>
7       import {mapState} from 'vuex'
8       export default {
9         name: 'App',
10        computed: mapState({
11          name: state =>state.name
12        })
13      }
14    </script>
```

（6）执行如下命令，启动项目：

```
1    npm run dev
```

（7）在浏览器中打开 http://localhost:8080，运行结果如图7-2所示。

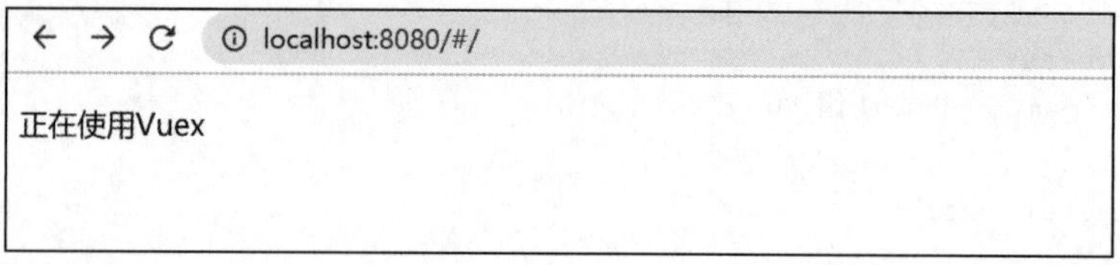

← → C ① localhost:8080/#/

正在使用Vuex

图7-2　Vuex 运行结果

7.2　核心概念

本节主要讲解 store 实例中常用配置选项的作用，包括 store 实例中的 state 初始数据的基本概念、如何通过 commit 方法提交 mutations 选项中定义的函数以改变初始数据状态、actions 选项与 mutations 配置项的区别、plugins 项的作用、如何使用 getters 选项定义计算属性获取最终值等。

 ### 7.2.1　state

1. 基本使用

Vuex 使用单一状态树，即用一个对象包含全部的应用层级状态，至此它便作为一个"唯一数据源（SSOT（opens new window））"而存在，这也意味着每个应用都仅包含一个 store 实例。

简而言之，state 就是用来存放一些数据的，这些数据可以在任何一个页面内使用。

【例7-3】 state 的基本使用。

创建 chapter7/demo03.html 文件，具体代码如下：

```
1    <!DOCTYPE html>
2    <html>
3    <head>
4      <meta charset="UTF-8">
5      <title>Document</title>
6      <script src="lib/vue.js"></script>
7      <script src="lib/vuex.js"></script>
8    </head>
9    <body>
10   <div id="app">
11   </div>
```

```
12    <script>
13      const store= new Vuex.Store({
14        state: {
15          count: 12
16        },
17        mutations: {
18        },
19        actions: {
20        },
21        modules: {
22        }
23      })
24      //创建一个 counter 组件
25      const Counter = {
26        template: `<div>{{ count }}</div>`,
27        computed: {
28          count () {
29            return store.state.count
30          }
31        }
32      }
33      const app = new Vue({
34        el: '#app',
35        //把 store 对象提供给 store 选项
36        store,
37        components: { Counter },
38        template: `
39      <div class="app">
40        <counter></counter>
41      </div>
42      })
43    </script>
44  </body>
45  </html>
```

运行结果如图 7-3 所示。

```
←  →  C   ① localhost:63342/项目代码/demo03.html?_ijt=6opvsdr55s14lnqe9flnnlfoa9

13
```

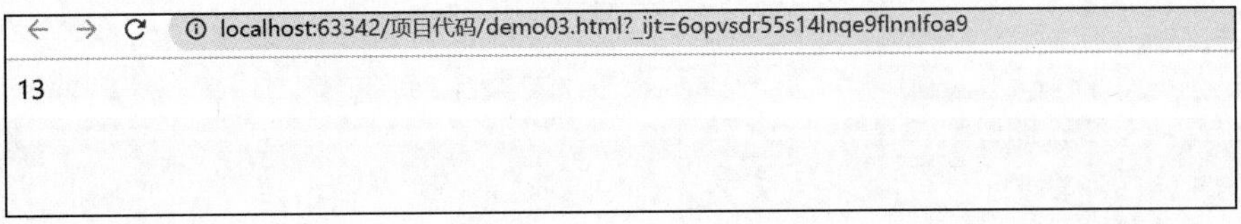

图 7-3　运行结果

由于 Vuex 的状态存储是响应式的,因此从 store 实例中读取状态的最简单方法就是在计算属性中返回某个状态。每当 store、state、count 发生变化时,都会重新求取计算属性,并且更新相关联的 DOM。

2. 辅助函数

辅助函数用来解决获取数据时路径太长的问题,一般放在 computed 中使用。

【例 7-4】 辅助函数的使用。

创建 chapter7/demo04.html 文件,具体代码如下:

```
1   <!DOCTYPE html>
2   <html>
3   <head>
4     <meta charset="UTF-8">
5     <title>Document</title>
6     <script src="lib/vue.js"></script>
7     <script src="lib/vuex.js"></script>
8   </head>
9   <body>
10   <div id="app">
11       {{display}}
12   </div>
13   <script >
14     const store= new Vuex.Store({
15       state: {
16         display: "使用 mapState 实例"
17       },
18       mutations: {
19       },
20       actions: {
21       },
22       modules: {
23       }
24     })
25     const app = new Vue({
26       el: '#app',
27       //把 store 对象提供给 store 选项,这样可以把 store 实例注入所有的
28   子组件
29       store,
30       computed:{
31           ...Vuex.mapState(['display'])
32       }
33     })
34   </script>
35   </body>
36   </html>
```

(1) 当参数为数组时,将 state 内与数组元素名称对应的数据映射过来,在 template 中直接使用数组内的名字。

注意：代码的第 31 行通过字符串'display'可以得到定义在 store 中的 state 的 display，从而在当前环境中以 display 这个名字使用对应的值。

（2）当参数为对象时，可以进行自定义名字对 state 数据的映射，通过自定义名字使用对应的值。

 7.2.2　getters

1. 基本使用

Vuex 允许用户在 store 中定义 getters（可以认为它是 store 的计算属性）。就像计算属性一样，getters 的返回值会根据它的依赖而被缓存起来，且只有当它的依赖值发生了改变才会被重新计算。

【例 7-5】　getters 的基本使用。

创建 chapter7/demo05.html 文件，具体代码如下：

```
1    <!DOCTYPE html>
2    <html>
3    <head>
4      <meta charset="UTF-8">
5      <title>Document</title>
6      <script src="lib/vue.js"></script>
7      <script src="lib/vuex.js"></script>
8    </head>
9    <body>
10     <div id="app">
11       <p>已完成:{{ this.$store.getters.doneTodosCount }}</p>
12     </div>
13     <script>
14     const store = new Vuex.Store({
15       state: {
16         todos: [
17           { id: 1, text: '我已完成', done: true },
18           { id: 2, text: '我没有完成', done: false }
19         ]
20       },
21       getters: {
22         doneTodos: state =>{
23           return state.todos.filter(todo =>todo.done)
24         },
25         doneTodosCount: (state, getters) =>{
26           return getters.doneTodos.length
27         }
28       }
29     })
```

```
30        var vm = new Vue({ el: '#app', store })
31      </script>
32    </body>
33    </html>
```

2. 辅助函数

和 state 的辅助函数类似，getters 的辅助函数 MapGetters 也用来解决获取数据时路径太长的问题，一般放在 computed 中使用。

【例 7-6】　辅助函数的使用。

创建 chapter7/demo06.html 文件，具体代码如下：

```
1     <!DOCTYPE html>
2     <html>
3     <head>
4       <meta charset="UTF-8">
5       <title>Document</title>
6       <script src="lib/Vue.js"></script>
7       <script src="lib/Vuex.js"></script>
8     </head>
9     <body>
10    <div id="app">
11      <p>已完成:{{doneTodosCount }}</p>
12    </div>
13    <script>
14    const store = new Vuex.Store({
15      state: {
16        todos: [
17          { id: 1, text: '我已完成', done: true },
18          { id: 2, text: '我没有完成', done: false },
19          { id: 3, text: '我已完成', done: true },
20        ]
21      },
22      getters: {
23        doneTodos: state =>{
24          return state.todos.filter(todo =>todo.done)
25        },
26        doneTodosCount: (state, getters) =>{
27          return getters.doneTodos.length
28        }
29      }
30    })
31    var vm = new Vue(
32      {
33        el: '#app',
```

```
34        store,
35        computed:{
36          ...Vuex.mapGetters(['doneTodosCount'])
37        }
38      })
39    </script>
40    </body>
41    </html>
```

上述代码第 36 行使用 doneTodosCount 把 store 的 getters 中定义的 doneTodosCount 变成了当前 Vue 实例下的同名计算属性 doneTodosCount，这样，在使用其数据时就可以使用这个简单的名字了。

7.2.3 mutations

1. 基本使用

更改 Vuex 的 store 中的状态的唯一方法是提交 mutations。Vuex 中的 mutations 非常类似于事件：每个 mutations 都有一个字符串的事件类型（type）和一个回调函数（handler），这个回调函数就是实际进行状态更改的地方，并且它会接收 state 作为第一个参数。

【例 7-7】 mutations 的基本使用。

创建 chapter7/demo07.html 文件，具体代码如下：

```
1    <script>
2      const store = new Vuex.Store({
3        state: {
4          count: 1
5        },
6        getters: {
7          num: state =>state.count
8        },
9        mutations: {
10         increment(state) {
11           //变更状态
12           state.count++
13         }
14       }
15     })
16     var vm = new Vue({
17       el: '#app',
18       store,
19       computed: {
```

```
20          ...Vuex.mapGetters(['num'])
21      }, methods: {
22        add: () =>{
23          store.commit('increment')
24        }
25      }
26    })
27  </script>
```

不能直接调用一个 mutation handler。这个选项更像是事件注册：当触发一个类型为 increment 的 mutation 时，调用此函数。要唤醒一个 mutation handler，需要以相应的 type 调用 store.commit 方法：

```
1    store.commit('increment')
```

2. 提交载荷

可以向 store.commit 传入额外的参数，即 mutation 的载荷（payload）：

```
1    //...
2    mutations: {
3      increment (state, n) {
4        state.count += n
5      }}
```

在大多数情况下，载荷应该是一个对象，这样可以包含多个字段，并且记录的 mutation 会更易读：

```
1    //...
2    mutations: {
3      increment (state, payload) {
4        state.count += payload.amount
5      }}
```

```
1    store.commit('increment', { amount: 10})
2    store.commit('increment', 10)
```

7.2.4　actions

由于直接在 mutation 方法中进行异步操作会引起数据失效，所以 Vuex 提供了 actions 以专门进行异步操作，最终提交 mutation 方法。action 和之前讲的 mutation 的功能基本一样，不同的是，action 是异步地改变 state 状态，而 mutation 是同步地改变状态的。

actions 中的方法有两个默认参数。

- context：上下文对象。
- payload：参数挂载对象。

【例 7-8】 actions 的使用。

创建 chapter7/demo08.html 文件，具体代码如下：

```
1    <!DOCTYPE html>
2    <html>
3    <head>
4      <meta charset="UTF-8">
5      <title>Document</title>
6      <script src="lib/vue.js"></script>
7      <script src="lib/vuex.js"></script>
8    </head>
9    <body>
10   <div id="app">
11     {{num}}
12     <div>
13       <button @click="add">+</button>
14     </div>
15   </div>
16   <script>
17     const store = new Vuex.Store({
18       state: {
19         count: 1
20       },
21       getters: {
22         num: state =>state.count
23       },
24       mutations: {
25         increment(state) {
26           //变更状态
27           state.count++
28         }
29       },actions:{
30         add:(context,payload) =>{
31           context.commit('increment')
32         }
33       }
34     })
35
36     var vm = new Vue({
```

```
37        el: '#app',
38        store,
39        computed: {
40          ...Vuex.mapGetters(['num'])
41        }, methods: {
42          add: () => {
43            store.dispatch('add')
44          }
45        }
46      })
47  </script>
48  </body>
49  </html>
```

注意代码第 29～34 行,actions 函数接收了一个与 store 实例具有相同方法和属性的 context 对象,因此可以调用 context.commit 提交一个 mutation。action 可以通过 context.state 和 context.getters 获取 state 和 getters。

乍一眼看上去感觉多此一举,直接分发 mutations 岂不是更方便? 实际上并非如此, mutation 必须同步执行,action 却不受约束。可以在 action 内部执行异步操作:

```
1    actions:{
2        aEdit(context,payload){
3            setTimeout(()=>{
4                context.commit('edit',payload)
5            },2000)
6        }}
```

在上面这段代码中,actions 会在延迟 2 秒后执行当前环境中 mutations 下的 edit 方法。

因为异步执行这个特性,项目开发中经常把 ajax 方法写在 action 中。

 7.2.5 module

随着项目复杂性的增加,共享的状态越来越多,这时就需要对状态的各种操作进行分组,然后再按组编写。下面学习对 module——状态管理器的模块化操作。

module 是对 store 的分割,即将 store 分割成一个个小的模块,每个模块中又具有 store 完整的功能。

```
1    const moduleA = {
2      state: { ... },
3      mutations: { ... },
4      actions: { ... },
5      getters: { ... }
6    }
```

```
7    const moduleB = {
8      state: { ... },
9      mutations: { ... },
10     actions: { ... }
11   }
12   const store = new Vuex.Store({
13     modules: {
14       a: moduleA,
15       b: moduleB
16     }
17   })
18   store.state.a      //->moduleA 的状态
19   store.state.b      //->moduleB 的状态
```

1. 模块的局部状态

对于模块内部的 mutations 和 getters,接收的第一个参数是模块的局部状态对象。

```
1    const moduleA = {
2      state: { count: 0 },
3      mutations: {
4        increment (state) {
5          //这里的 `state` 对象是模块的局部状态
6          state.count++
7        }
8      },
9      getters: {
10       doubleCount (state) {
11         return state.count * 2
12       }
13     }
14   }
```

同样,对于模块内部的 action,局部状态通过 context.state 暴露出来,根节点的状态
为 context.rootState。

```
1    const moduleA = {
2      //...
3      actions: {
4        incrementIfOddOnRootSum ({ state, commit, rootState }) {
5          if ((state.count +rootState.count) %2 === 1) {
6            commit('increment')
7          }
8        }
9      }
10   }
```

对于模块内部的 getters，根节点状态会作为第三个参数暴露出来。

```
1    const moduleA = {
2      //...
3      getters: {
4        sumWithRootCount (state, getters, rootState) {
5          return state.count +rootState.count
6        }
7      }
8    }
```

2. 命名空间

默认情况下，模块内部的 action、mutation 和 getter 是注册在全局命名空间的，这样使得多个模块能够对同一 mutation 或 action 做出响应。如果希望模块具有更高的封装度和复用性，可以通过添加 namespaced：true 的方式使其成为命名空间模块。当模块被注册后，它的所有 getter、action 及 mutation 都会自动根据模块注册的路径调整命名。例如：

```
1    const store = new Vuex.Store({
2      modules: {
3        account: {
4          namespaced: true,
5          //模块内容(module assets)
6          state: { ... }, //模块内的状态已经是嵌套的了,使用 namespaced 属性
7    不会对其产生影响
8          getters: {
9            isAdmin () { ... } //->getters['account/isAdmin']
10          },
11          actions: {
12            login () { ... } //->dispatch('account/login')
13          },
14          mutations: {
15            login () { ... } //->commit('account/login')
16          },
17          //嵌套模块
18          modules: {
19            //继承父模块的命名空间
20            myPage: {
21              state: { ... },
22              getters: {
23                profile () { ... } //->getters['account/profile']
24              }
25            },
```

```
26              //进一步嵌套命名空间
27              posts: {
28                namespaced: true,
29                state: { ... },
30                getters: {
31                  popular () { ... } //->getters['account/posts/popular']
32                }
33              }
34            }
35          }
36        }
37      })
```

启用了命名空间的 getter 和 action 会收到局部化的 getter、dispatch 和 commit。换言之,在使用模块内容(module assets)时,不需要在同一模块内额外添加的空间名前缀,更改 namespaced 属性后也不需要修改模块内的代码。

当使用 mapState、mapGetters、mapActions 和 mapMutations 函数绑定命名空间模块时,写起来可能比较烦琐,例如:

```
1    computed: {
2      ...mapState({
3        a: state =>state.some.nested.module.a,
4        b: state =>state.some.nested.module.b
5      })
6    },
7    methods: {
8      ...mapActions([
9        'some/nested/module/foo',
10       'some/nested/module/bar'
11     ])
12   }
```

对于这种情况,可以将模块的空间名称字符串作为第一个参数传递给上述函数,这样,所有绑定都会自动将该模块作为上下文。于是,上面的代码可以简化为:

```
1    computed: {
2      ...mapState('some/nested/module', {
3        a: state =>state.a,
4        b: state =>state.b
5      })
6    },
7    methods: {
8      ...mapActions('some/nested/module', [
```

```
9          'foo',
10         'bar'
11      ])
12    }
```

而且，可以通过使用 createNamespacedHelpers 创建基于某个命名空间的辅助函数，它返回一个对象，对象里有新的、绑定在给定命名空间值上的组件绑定辅助函数，例如：

```
1    import { createNamespacedHelpers } from 'Vuex'
2
3    const { mapState, mapActions } = createNamespacedHelpers('some/nested/
     module')
4    export default {
5      computed: {
6        //在 some/nested/module 中查找
7        ...mapState({
8          a: state =>state.a,
9          b: state =>state.b
10       })
11     },
12     methods: {
13       //在 some/nested/module 中查找
14       ...mapActions([
15         'foo',
16         'bar'
17       ])
18     }
19   }
```

在这段代码中，mapState、mapActions 会在 some/nested/module 这个模块中查找名为 a 和 b 的两个 state；同样，mapActions 会在 some/nested/module 这个模块中查找名为 foo 和 bar 的两个 action，并在当前 Vue 实例下生成两个同名方法。

3. 模块重用

有时可能需要创建一个模块的多个实例，例如：

（1）创建多个 store，它们公用同一个模块（例如当 runInNewContext 选项是 false 或 once 时，为了在服务器端渲染中避免有状态的单例）。

（2）在一个 store 中多次注册同一个模块。

如果使用一个纯对象声明模块的状态，那么这个状态对象会通过引用被共享，导致状态对象被修改时，store 或模块之间的数据互相污染。

实际上，这和 Vue 组件内的 data 具有同样的问题。因此，解决办法也是相同的——使用一个函数声明模块状态（仅 2.3.0＋支持），例如：

```
1    const MyReusableModule = {
2      state () {
3        return {
4          foo: 'bar'
5        }
6      },
7      //mutation, action 和 getter 等
8    }
```

7.3　Vuex 中的 API

Vuex.Store()构造器创建的 store 对象提供了一些 API，可以进行模块注册、状态替换等，能够高效地进行项目开发。下面对 Vuex 中的 API 进行详细讲解。

7.3.1　模块注册

Vuex 提供了模块化开发思想，主要通过 modules 选项完成注册。这种方式只能在 store 实例对象中进行配置，显得很不灵活。store 实例对象提供了动态创建模块的接口，即 store.registerModule()方法，下面通过例 7-9 进行演示。

【例 7-9】　模块注册。

（1）创建 chapter7/demo09.html 文件，具体代码如下：

```
1    <!DOCTYPE html>
2    <html>
3    <head>
4      <meta charset="UTF-8">
5      <title>Document</title>
6      <script src="lib/Vue.js"></script>
7      <script src="lib/Vuex.js"></script>
8    </head>
9    <body>
10     <script>
11       const store = new Vuex.Store({ })
12       store.registerModule('myModule', {
13         state: {
14           name: '我是 store.registerModule()定义的模块'
15         }
16       })
17       document.write(store.state.myModule.name)
18     </script>
19   </body>
20   </html>
```

上述代码中，在调用 store.registerModule()方法之前，首先要完成 store 实例对象的创建，方法接收模块的名称 myModule 作为第 1 个参数，接收配置对象作为第 2 个参数。配置对象与 store 实例配置对象的参数是相同的。

（2）在浏览器中打开 demo09.html 文件，运行结果如图 7-4 所示。

> 我是store.registerModule()定义的模块

图 7-4　注册模块接口

如图 7-4 所示，页面中显示了"我是 store.registerModule()定义的模块"字样，表示创建模块成功，如果已经创建成功的模块不再使用了，则可以通过 store.unregisterModule('moduleName')动态卸载模块，但不能使用此方法卸载静态模块（创建 store 时声明的模块）。

7.3.2　状态替换

state 数据状态操作可以通过 store.replaceState()方法实现状态替换。该方法接收新的 state 对象，用来在组件中显示新对象的状态。下面通过例 7-10 进行演示。

【例 7-10】　状态替换。

（1）创建 chapter7/dem10.html 文件，具体代码如下：

```
1    <!DOCTYPE html>
2    <html>
3    <head>
4      <meta charset="UTF-8">
5      <title>Document</title>
6      <script src="Vue.js"></script>
7      <script src="Vuex.js"></script>
8    </head>
9    <body>
10     <div id="app">
11       <p>{{ this.$store.state.name }}</p>
12     </div>
13     <script>
14     const store = new Vuex.Store({
15       state: { name: 'name初始值' }
16     })
17     store.replaceState({ name: '我是替换后的 state 数据' })
18     var vm = new Vue({
19       el: '#app',
20       store
21     })
22     </script>
23    </body>
24    </html>
```

上述代码中,第 6 行在 state 中定义了 name 值为"name 初始值";第 8 行调用了 replaceState(),接收参数为 state 对象,新的 name 值为"我是替换后的 state 数据"。

(2)在浏览器中打开 demo10.html 文件,运行结果如图 7-5 所示。

我是替换后的state数据

图 7-5 状态替换

7.4 综合案例——实现购物车功能

在学习了 Vuex 的基础知识后,下面讲解如何将 Vuex 应用到项目开发中。通过本节的学习,读者将会掌握如何利用 Vuex 在购物车中进行状态管理。

7.4.1 案例分析

"购物车"是在线商城的基本功能之一,顾客可以将想要购买的商品添加到购物车,并计算购物车中商品的总价格。本案例主要由两个页面组成,分别是【商品列表】页面和【购物车】页面,如图 7-6 和图 7-7 所示。

图 7-6 【商品列表】页面

图 7-7 【购物车】页面

在图 7-6 中,单击【加入购物车】按钮即可将商品添加到购物车。在底部的 Tab 栏中切换到【购物车】页面即可查看购物车中的商品,并且会在页面底部显示商品的总价格。如果在【购物车】页面中单击【删除】按钮,则可以删除商品。

本案例的目录结构如下所示:

```
|-index.html                    //首页入口文件
|-static                        //静态资源(图片)保存目录
|-src                           //源代码目录
  |-main.js                     //程序逻辑入口文件
  |-App.Vue                     //App 组件
  |-api                         //API 目录
    |-shop.js                   //模拟后端 API 返回数据
|-components                    //组件目录
    |-GoodsList.Vue             //GoodsList 组件(商品列表)
    |-Shopcart.Vue              //Shopcart 组件(购物车)
  |-router                      //路由目录
      |-index.js                //路由文件
  |-store                       //store 目录
    |-index.js                  //store 文件
    |-modules                   //store 模块目录
        |-goods.js              //goods 模块(商品数据)
        |-shopcart.js           //shopcart 模块(购物车数据)
```

在上述目录结构中,static 目录用来保存商品的图片,读者可以从本书配套的源代码中获取图片,也可以自行准备。商品数据保存在 src\api\shop.js 文件中,在真实项目中,该文件用于请求后端服务器 API 获取商品数据,本案例进行了简化,将商品数据直接保存在了该文件中,调用时可以直接返回数据。

7.4.2　代码实现

1. 初始化项目

(1) 打开命令行工具,切换到 chapter07 目录,执行如下命令创建项目:

```
1     vue init webpack shopcart
```

上述命令表示使用 Vue 脚手架工具基于 Webpack 模板创建一个 shopcart 项目。

(2) 切换到 shopcart 目录,安装 Vuex,具体命令如下:

```
1     cd shopcart
2     npm install Vuex@3.6.0 --save
```

(3) 执行如下命令,启动项目。

```
1     npm run dev
```

(4) 在浏览器中访问 http://localhost:8080,查看项目是否已经启动。

小提示:在创建项目时,程序会提示是否安装 ESLine 进行代码风格检查。安装后,如果代码风格不符合 ESLint 的要求,则会出现错误提示。因此,如果读者希望使用

ESLint,则需要确保代码风格符合要求,可以借助 VS Code 编辑器的扩展完成 ESLint 代码的自动修复。

2. 实现底部 Tab 栏切换

(1)本案例的底部 Tab 栏切换是通过路由完成的,即使用路由切换 GoodsList 组件和 Shopcart 组件。创建 src\components\GoodsList.Vue 文件,具体代码如下:

```
1    <template>
2      <div>GoodsList</div>
3    </template>
```

(2)创建 src\components\Shopcart.Vue 文件,具体代码如下:

```
1    <template>
2      <div>Shopcart</div>
3    </template>
```

(3)创建 src\router\index.js 文件,具体代码如下:

```
1    import Vue from 'Vue'
2    import Router from 'Vue-router'
3    import GoodsList from '@/components/GoodList'
4    import Shapcart from '@/components/Shapcart'
5
6      Vue.use(Router)
7    export default new Router({
8        routes: [
9          {path: '/', name: 'GoodsList', component: GoodsList},
10         {path: '/shopcart', name: 'Shopcart', component: Shapcart}
11       ]
12   })
```

在上述代码中,第9行表示将"/"(首页,显示商品列表)路由到 GoodsList 组件,第10行将"/shopcart"(购物车页)路由到 Shopcart 组件。

(4)修改 src\App.Vue 文件,利用<router-link>标签实现 Tab 栏切换,具体代码如下:

```
1    <template>
2      <div id="app">
3        <div class="content">
4          <router-view/>
5        </div>
6      <div class="bottom">
7        <router-link to="/" tag="div">商品列表</router-link>
```

```
8            <router-link to="/shopcart" tag="div">商品购物车</router-link>
9          </div>
10       </div>
11    </template>
12
13    <script>
14    export default {name: 'App'}
15    </script>
16
17    <style>
18        //样式部分代码省略,请参考配套源代码
19    </style>
```

3. 获取商品数据

(1) 创建 src\api\shop.js 文件,准备商品数据,具体代码如下:

```
1    const data = [
2      { 'id': 1, 'title': '电水壶', 'price': 50.01, src: '/static/1.jpg' },
3      { 'id': 2, 'title': '电压力锅', 'price': 260.99, src: '/static/2.jpg' },
4      { 'id': 3, 'title': '电饭煲', 'price': 200.99, src: '/static/3.jpg' },
5      { 'id': 4, 'title': '电磁炉', 'price': 300.99, src: '/static/4.jpg' },
6      { 'id': 5, 'title': '微波炉', 'price': 400.99, src: '/static/5.jpg' },
7      { 'id': 6, 'title': '电饼铛', 'price': 200.99, src: '/static/6.jpg' },
8      { 'id': 7, 'title': '豆浆机', 'price': 199.99, src: '/static/7.jpg' },
9      { 'id': 8, 'title': '多用途锅', 'price': 510.99, src: '/static/8.jpg' }
10    ]
11    export default {
12      getGoodsList (callback) {
13        setTimeout(() =>callback(data), 100)
14      }
15    }
```

上述代码用来模拟从服务器获取数据,第 13 行利用 setTimeout()方法实现异步操作,第 2 个参数 100 用来模拟网络延迟 100ms 的情况。

(2) 编写 src\store\modules\goods.js 文件,管理商品 store,具体代码如下:

```
1    import shop from '.../.../api/shop'
2    const state = {
3      list: []
4    }
5    const getters = {}
6    //获取商品列表数据
7    const actions = {
```

```
8      getList ({ commit }) {
9        shop.getGoodsList(data =>{
10         commit('setList', data)
11       })
12     }
13   }
14   //将商品列表保存到 state
15   const mutations = {
16     setList (state, data) {
17       state.list = data
18     }
19   }
20   export default {
21     namespaced: true,
22     state,
23     getters,
24     actions,
25     mutations
26   }
```

在上述代码中，第 3 行在 state 中定义的 list 数组用来保存商品列表数据；第 7 行在 actions 中定义了 getList()方法，用来从 API 中获取商品数据，然后通过第 15 行在 mutations 中定义的 setList()方法将商品数据保存到 list。

（3）创建 src\store\modules\shopcart.js 文件，具体代码如下：

```
1    const state = {
2      items: []
3    }
4    const getters = {}
5    const actions = {}
6    const mutations = {}
7    export default {
8      namespaced: true,
9      state,
10     getters,
11     actions,
12     mutations
13   }
```

在上述代码中，第 2 行的 items 用来保存购物车中的商品数据。由于购物车的功能将在后面的步骤中完成，因此此处只编写最基本的代码，以确保程序可以运行。

（4）创建 src\store\index.js 文件，具体代码如下：

```
1    import Vue from 'Vue'
2    import Vuex from 'Vuex'
3    import goods from './modules/goods'
4    import shopcart from './modules/shopcart'
5
6    Vue.use(Vuex)
7
8    export default new Vuex.Store({
9      modules: {
10       goods,
11       shopcart
12     }
13   })
```

上述代码加载了 modules 目录下的 goods.js 和 chopcart.js 模块；第 10、11 行代码将模块放入了 Vuex.Store()方法的 modules 配置选项。

```
1    import store from './store'
```

（5）修改 src\main.js 文件，使用 import 导入 store，参考代码如下：

```
1    new Vue({
2      ...(原有代码)
3      store
4    })
```

导入后，将 store 放入 Vue 实例的配置选项。

4.【商品列表】页面

（1）修改 src\components\GoodsList.Vue 文件，输出商品列表，具体代码如下：

```
1    <template>
2     <div class="list">
3      <div class="item" v-for="goods in goodslist":key="goods.id">
4        <div class="item-l">
5            <img class="item-img":src="goods.src">
6        </div>
7        <div class="item-r">
8          <div class="item-title">{{ goods.title }}</div>
9           <div class="item-price">{{ goods.price | currency }}</div>
10            <div class="item-opt">
11              <button @click="add(goods)">加入购物车</button>
12            </div>
13          </div>
```

```
14          </div>
15        </div>
16      </template>
17
18      <script>
19        import { mapState, mapActions } from 'Vuex'
20
21        export default {
22        computed: mapState({
23          goodslist: state =>state.goods.list
24          }),
25          methods: mapActions('shopcart', ['add']),
26          created () {
27            this.$store.dispatch('goods/getList')
28          },
29          filters: {
30            currency (value) {
31                return '￥ ' +value
32          }
33        }
34      }
35      </script>
36
37      <style>
38        //样式部分省略,参考本书配套源代码
39        </style>
```

在上述代码中,第 26～28 行用来在组件创建后将商品列表数据从 API 中读取出来,并保存到 state,然后通过第 23 行代码将商品列表数据作为 goodslist 计算属性,再通过第 3 行代码使用 v-for 对 goodslist 进行列表渲染,从而输出商品列表;第 9 行代码用于输出商品价格,在输出时调用了第 30～32 行的 currency 过滤器,用于在金额的前面加上符号"￥"。

第 11 行代码用来将商品加入购物车,单击后执行第 25 行使用 mapActions 函数绑定的 add 事件处理方法(add()方法将在后面的步骤中编写),Vuex 提供的 mapActions 函数用来方便地把 store 中的 actions 绑定到组件中,同类函数还有 mapState、mapMutations、mapGetters 等,它们的使用方法类似。在调用 add()方法时,还会将 goods 作为参数传入。

(2) 在 src\store\modules\chopcart.js 文件中编写 add()方法,具体代码如下:

```
1      const actions = {
2        add () {
3        }
4      }
```

5.【购物车】页面

（1）在 src\store\modules\chopcart.js 文件中编写 add()方法和 del()方法，分别用来实现购物车中商品的添加和删除功能，具体代码如下：

```
1    const actions = {
2      add (context, item) {
3        context.commit('add', item)
4      },
5      del (context, id) {
6        context.commit('del', id)
7      }
8    }
9    const mutations = {
10     add (state, item) {
11       const v = state.items.find(v =>v.id === item.id)
12         if (v) {
13           ++v.num
14         } else {
15         state.items.push({
16           id: item.id,
17           title: item.title,
18           price: item.price,
19           src: item.src,
20           num: 1
21         })
22       }
23     },
24     del (state, id) {
25         state.items.forEach((item, index, arr) =>{
26           if (item.id === id) {
27             arr.splice(index, 1)
28           }
29         })
30       }
31     }
```

在上述代码中，第 2 行和第 10 行的 add()方法的第 2 个参数 item 表示新添加的商品；第 11 行在添加商品时判断给定的商品 item 是否已经在 state.items 数组中存在，如果存在，则增加商品数量，如果不存在，则将其添加到 state.item 数组中；第 5 行和第 24 行的 del()方法的第 2 个参数 id 表示删除指定 id 的商品；第 25～29 行使用商品 id 进行搜索，如果从 state.items 数组中找到了对应的商品，就从 state. items 数组中将其删除。

（2）继续编写 src\store\models\shopcart.js 文件，实现总价格的计算，具体代码如下：

```
1    const getters = {
2      totalPrice: (state) =>{
3        return state.items.reduce((total, item) =>{
4         return total +item.price * item.num
5        }, 0).toFixed(2)
6      }
     }
```

上述代码在 getters 中定义了 totalPrice()方法,该方法用于返回商品价格的计算结果。

(3) 修改 src\components\Shopcart.Vue 文件,输出购物车列表,具体代码如下:

```
1    <template>
2      <div class="list">
3        <div class="item" v-for="item in items":key="item.id">
4          <div class="item-l">
5            <img class="item-img":src="item.src">
6          </div>
7          <div class="item-r">
8            <div class="item-title">
9              {{ item.title }} <small>x {{ item.num }}</small>
10           </div>
11           <div class="item-price">{{ item.price | currency }}</div>
12           <div class="item-opt">
13             <button @click="del(item.id)">删除</button>
14           </div>
15         </div>
16       </div>
17       <div class="item-total" v-if="items.length">
18         商品总价:{{ total | currency }}
19       </div>
20       <div class="item-empty" v-else>购物车中暂无商品</div>
21     </div>
22   </template>
23
24   <script>
25       import { mapGetters, mapState, mapActions } from 'Vuex'
26
27   export default {
28       computed: {
29       ...mapState({
30         items: state =>state.shopcart.items
31       }),
32       ...mapGetters('shopcart', { total: 'totalPrice' })
33     },
34     methods: mapActions('shopcart', ['del']),
35     filters: {
36       currency (value) {
```

```
37            return '￥'+value
38          }
39        }
40      }
41  </script>
42
43  <style>
44      //样式部分,参考本书配套源代码
45  </style>
```

在上述代码中,第 29~32 行使用扩展运算行"..."将 mapState 和 mapGetters 返回的结果放入了计算属性,其中,第 30 行用来绑定购物车中的商品,第 32 行用来绑定购物车中的商品总价格;第 13 行在页面中编写了【删除】按钮,表示删除购物车中指定 id 的商品。

(4) 在浏览器中测试程序,添加商品到购物车,查看【购物车】页面是否显示正确以及总价格是否计算正确。

本章小结

本章从 Vuex 的下载安装到 Vuex 的综合案例,相对完整地介绍了 Vuex 的主要内容。其中,Vuex 的 5 个核心对象 state、getter、mutation、action、module 是本章的重点内容。建议读者在学习时注意 state 和 getter 之间的演变关系,mutation 和 action 之间也存在类似的关系。

经典面试题

1. Vuex 是什么?
2. Vuex 包括哪几个核心属性?
3. actions 和 mutations 的联系和区别是什么?
4. 当 Vuex 中的状态是对象时,使用时要注意什么?
5. Vue.js 中的 ajax 请求代码应该写在组件的 methods 中还是 Vuex 的 actions 中?

上机练习

使用 Vue 和 Vuex 实现代办事项列表功能。
实现要求:
(1) 使用 state 保留代办事项列表的数据结构;
(2) 使用 getter 给外界提供数据查询的接口;
(3) 使用 mutation 进行代办事项的添加和删除。

第 8 章　Vue CLI（Vue 脚手架）

Vue CLI 是用于快速进行 Vue.js 开发的完整系统，俗称 Vue 脚手架，是一套大众化的前端自动化解决方案，它的核心是 Webpack，框架是 Vue，同时具有相关辅助插件。

本章要点

- 掌握 Vue CLI 的安装方法
- 熟练使用 Vue CLI 创建 Vue 项目
- 掌握 Vue CLI 插件的使用方法
- 了解 CLI 的服务和相关配置

励志小贴士

时间对每个人都是公平的，成长的蜕变，往往藏在日复一日的努力里。请相信持之以恒的力量，再微小的努力，乘以 365 天，都可能带来不期而遇的惊喜。

8.1 初识 Vue CLI

Vue CLI 是一个基于 Vue.js 进行快速开发的完整系统,可以自动生成 Vue.js+Webpack 的项目模板。Vue CLI 致力于将 Vue 生态中的工具基础标准化,提供了强大的功能,可用于定制新项目、配置原型、添加插件和检查 Webpack,配置@vue/CLI 3.x 版本可以通过 vue create 命令快速创建一个新项目的脚手架,不需要像 Vue 2x 那样借助于Webpack 构建项目。

8.1.1 安装前的注意事项

在安装 Vue CLI 之前,需要先安装一些必要的工具,如 Node.js。

Vue CLI 3.x 版本的包名称由 vue-CLI(旧版)改成了@vue/CLI(新版),如果已经全局安装了旧版的 vue-cli(1.x 或 2.x),则需要通过如下命令进行卸载:

```
1    npm uninstall vue-cli -g
```

如果 Vue CLI 是通过 yarn 命令安装的,则需要使用 yarn global remove vue--CLI 命令卸载。旧版本卸载完成后,即可重新安装新版的@vue/CLI。

8.1.2 全局安装@vue/CLI

打开命令行工具,通过 npm 方式全局安装@vue/CLI,具体命令如下:

```
1    npm install @vue/CLI@5.0.1  -g  可以不指定版本号
```

安装完成后,为了检测是否安装成功,可以使用如下命令查看 Vue-CLI 的版本号:

```
1    vue  -V (或 vue  --version) V 大写
```

上述命令运行后,结果如下:

```
1    C:\vue>vue -V
2    @vue/cli 5.0.1
```

从上述结果可以看出,当前版本号为 5.0.1,安装成功后就可以使用 vue create 命令创建 Vue 项目了。

8.1.3 使用 vue create 命令创建项目

打开命令行工具,使用 vue create 命令创建项目,它会自动创建一个新的文件夹,并将所需的文件、目录、配置和依赖都准备好。在命令行中切换到 chapter08 目录,创建一个名为 hello-vue 的项目,具体命令如下:

```
1    vue create  hello-vue
```

结果如下：

```
1    Vue CLI v3.10.0
2    ? Please pick a preset: (Use arrow keys)
3    >default (babel, eslint)
4     Manually select features
```

在上述结果中，Vue CLI 提示用户选取一个 preset（预设）；default 是默认项，包含基本的 Babel＋ESLint，适合快速创建一个新项目；Manually select features 表示手动配置，提供可供选择的 npm 包，更适合面向生产的项目，推荐在实际工作中使用这种方式。选择手动配置后，会出现如下选项：

```
1    ? Check the features needed for your project: (Press <space>to select,
2    <a>to toggle all, <i>to invert selection)
3    >(*) Babel
4     ( ) TypeScript
5     ( ) Progressive Web App (PWA) Support
6     ( ) Router
7     ( ) Vuex
8     ( ) CSS Pre-processors
9     (*) Linter / Formatter
10    ( ) Unit Testing
11    ( ) E2E Testing
```

根据提示信息可知，按 Space 键可以选择某一项；按 A 键全选，按 I 键反选。下面对这些选项的作用进行解释，具体如下。

- Babel：Babel 配置（Babel 是一种 JavaScript 语法的编译器）。
- TypeScript：一种编程语言。
- Progressive Web App（PWA）Support：渐进式 Web 应用支持。
- Router：Vue-router。
- Vuex：Vue 状态管理模式。
- CSS Pre-processors：CSS 预处理器。
- Linter / Formatter：代码风格检查和格式化。
- Unit Testing：单元测试。
- E2E Testing：端到端（End-to-End）测试。

在选择需要的选项后，程序还会询问一些详细的配置，读者可以根据需要进行选择，也可以全部使用默认值。

项目创建完成后，根据如下命令进入项目目录，启动项目：

```
1    cd hello-vue
2    npm run serve
```

项目启动后，会默认启动一个本地服务，如下所示：

```
1    App running at:
2    Local:http://localhost:8080/
```

在浏览器中打开 http://localhost:8080，页面效果如图 8-1 所示。

图 8-1　执行 **npm run serve** 后的页面效果

8.1.4　使用 GUI 创建项目

Vue CLI 引入了图形用户界面（GUI）以创建和管理项目，功能十分强大，给初学者提供了便利，可以快速搭建一个 Vue 项目。在命令行中切换到 chapter08 目录，新建一个名为 vue-ui 的项目录，具体命令如下：

```
1    mkdir vue-ui
```

执行 cd vue-ui 命令进入目录，执行如下命令以创建项目：

```
1    vue ui
```

上述命令执行后，会默认启动一个本地服务，如下所示：

```
1    Starting GUI...
2    Ready on http://localhost:8000
```

在浏览器中打开 http://localhost:8000，页面效果如图 8-2 所示。

图 8-2　Vue 项目管理器

图 8-2 所示的页面类似于一个控制台，它以图形化的界面引导开发者进行项目的创建，并根据项目需求手动创建并选择配置。页面顶部有 3 个导航，其含义如下。

- 项目：项目列表，展示使用此工具生成过的项目。
- 创建：创建新的 Vue 项目。
- 导入：允许从目录或者远程 GitHub 仓库导入项目。

在页面底部的状态栏上可以看到当前目录的路径，单击水滴状图标可以更改页面的主题（默认主题为白色）。单击顶部导航栏的【创建】选项卡，然后单击【在此创建项目】按钮，会进入一个创建新项目的页面，用户可以填写项目名、选择包管理器、初始化 Git 仓库，如图 8-3 所示。

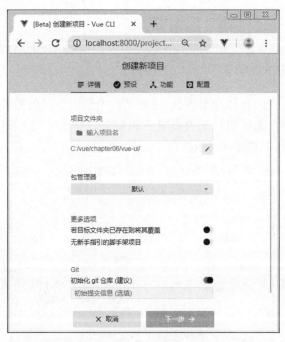

图 8-3　创建项目

在项目名中输入 hello，单击【下一步】按钮，进入【预设】选项卡即可选择创建模式，如图 8-4 所示。在图 8-4 所示的页面中选择【手动】单选项，用户可以选择需要使用的库和插件，如 Babel、Vuex、Router 等，如图 8-5 所示。

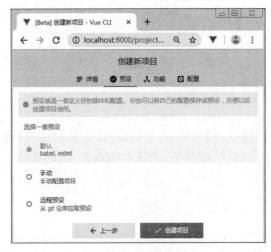

图 8-4　创建模式

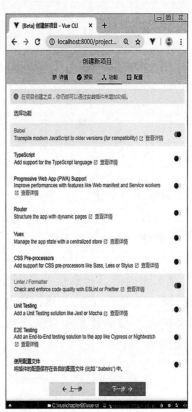

图 8-5　常用插件和库

接下来会进入插件的具体配置页面，根据页面中的提示完成配置后，单击【创建项目】按钮，会弹出一个窗口，提示用户配置自定义预设名，以便在下次创建项目时可以直接使用已保存的这套配置，如图 8-6 所示。

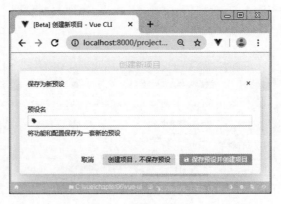

图 8-6　保存新预设

项目创建完成后，会进入【项目仪表盘】页面，如图 8-7 所示。

图 8-7　【项目仪表盘】页面

图 8-7 所示的页面中，左侧的 4 个菜单项表示的含义如下。

- 插件：可以查看项目中已安装的插件或者进行插件的升级。
- 依赖：可以查看项目中已安装的插件。
- 配置：对已安装的插件配置进行管理。
- 任务：包含各种可运行的命令，例如打包、本地调试等。

在菜单中单击【任务】菜单项，能够查看可以进行的任务，如图 8-8 所示。

图 8-8　可以进行的任务

在图 8-8 所示的页面中，执行 serve 可以启动项目，相当于执行 npm run serve 命令。

8.2 插件

Vue 中,插件的功能非常强大,它给项目开发者提供了便利,提高了开发效率。本节将介绍 Vue CLI 中的 CLI 插件和第三方插件的安装与使用。

8.2.1 CLI 插件

Vue CLI 中使用了一套基于插件的架构,将部分核心功能插件添加到了 Vue CLI 中,为开发者暴露可拓展的 API,以供开发者对 Vue CLI 的功能进行灵活的使用。以新创建项目的 package.json 文件为例,就会发现依赖都是以@vue/CLI-plugin、插件名称等命名的。package.json 的示例代码如下:

```
1    "devDependencies": {
2       "@vue/CLI-plugin-babel": "^3.10.0",
3       "@vue/CLI-plugin-eslint": "^3.10.0",
4       "@vue/CLI-service": "^3.10.0",
5       "babel-eslint": "^10.0.1",
6       "eslint": "^5.16.0",
7       "eslint-plugin-vue": "^5.0.0",
8       "vue-template-compiler": "^2.6.10"
9    }
```

上述代码中,以"@vue/CLI-plugin-"开头的表示内置插件。另外,使用 vue ui 命令也可以在 GUI 中进行插件的安装和管理。CLI 插件是向 Vue 项目提供可选功能的 npm 包,如 Babel/TypeScript 转译、ESLint 集成、单元测试和 End-to-End 测试等。

CLI 插件可以预先设定好,可以在使用脚手架进行项目创建时进行预设配置选择,每个 CLI 插件都会包含一个创建文件的生成器以及一个调整 Webpack 核心配置和注入命令的运行时插件。假如项目创建时没有预选安装@vue/eslint 插件,则可以通过 vue add 命令安装。vue add 命令用来安装和调用 Vue CLI 插件,但是普通 npm 包还是要用 npm 安装。

需要注意的是,对于 CLI 类型的插件,需要以@vue 为前缀。例如,@vue/eslint 解析为完整的包名是@vue/CLI-plugin-eslint,然后从 npm 安装它并调用它的生成器。该命令等价于 vue add@vue/CLI-plugin-eslint。

8.2.2 安装插件

在项目目录下,使用 vue add 命令可以安装插件。例如,为项目安装 vue-router 插件和 Vuex 插件的具体命令如下:

```
1    vue add router
2    vue add vuex
```

使用 vue add 命令还可以安装第三方插件。第三方插件的名称中不带"@ vue/"前缀。在命名时，以@开头的包的名称为 scope 范围包，不以@开头的包的名称为 unscoped 非范围包，第三方插件属于 unscoped 非范围包。

接下来演示第三方件 vuetify（一个 UI 库，不属于 Vue CLI 类型的插件）的安装。切换到 chapter07\vue--uihello 目录，执行如下命令以安装插件：

```
1    vue add vuetify
```

执行上述命令之后，程序会提示安装选项，使用默认值即可。

安装完成后，会在 src 目录里创建一个 plugins 目录，里面会自动生成关于插件的配置文件。

打开 plugins\vuetify.js 文件，实例代码如下：

```
1    import Vue from 'vue';
2    import Vuetify from 'vuetify/lib';
3
4    Vue.use(Vuetify);
5
6    export default new Vuetify({
7      icons: {
8        iconfont: 'mdi',
9      },
10   });
```

小提示：在使用 Git 进行代码管理时，推荐在运行 vue add 命令之前提交项目的最新状态，这是因为该命令可能会调用插件的文件生成器，并且很有可能更改现有的文件。

8.3 CLI 服务和配置文件

8.3.1 CLI 服务

在 Vue 项目中，需要使用 npm run serve 命令启动项目，其中 serve 的内容指 vue-CLI-service（CLI 服务）命令，项目的启动需要借助 vue-CLI-service 完成。

新建项目后，可以在 package.json 的 scripts 字段里面找到如下代码：

```
1    "scripts": {
2      "serve": "vue-CLI-service serve",
3      "build": "vue-CLI-service build",
4      "lint": "vue-CLI-service lint"
5    }
```

上述代码中，scripts 包含 serve、build 和 lint，当执行 npm run serve 命令时，实际执

行的是第 2 行的 vue-CLI-service serve 命令。

在项目目录下使用 npx 命令可以运行 vue-CLI-service,如下所示:

```
1    npx vue-CLI-service
```

运行 vue-CLI-service 后,程序会在控制台中输出可用选项的帮助说明,如下所示:

```
1    Usage: vue-CLI-service <command>[options]
2    Commands:
3      serve start development server              //启动服务
4      build build for production                  //生成用于生产环境的包
5      inspect inspect internal webpack config     //审查 Webpack 配置
6        lint lint and fix source files            //lint 并修复源文件
```

执行 vue-cli-service serve 命令后,会启动一个开发服务器(基于 webpack-dev-server)并附带开箱即用的模块热重载(Hot-Module-Replacement)。

执行 vue-cli-service build 命令后,会在 dist 目录生成一个可用于生产环境的包,带有压缩后的 JavaScript、CSS、HTML 文件,以及为更好地缓存而做的 vendor chunk 拆分,它的 chunk manifest(块清单)会内联在 HTML 中。

vue-cli-service serve 命令的用法及包含的选项如下所示:

```
1    npx vue-cli-service help serve
2    Usage: vue-cli-service serve [options]
3    Options:
4      --open              //在服务器启动时打开浏览器
5      --copy              //在服务器启动时将 URL 复制到剪贴板
6      --mode              //指定环境模式(默认值: development)
7      --host              //指定 host(默认值: 0.0.0.0)
8      --port              //指定 port(默认值: 8080)
9      --https             //使用 https(默认值: false)
```

vue-CLI-service build 命令的用法及包含的选项如下所示:

```
1    Usage: vue-CLI-service build [options][entry|pattern]
2    Options:
3      --mode              //指定环境模式(默认值: production)
4      --dest              //指定输出目录(默认值: dist)
5      --modern            //面向现代浏览器带自动回退地构建应用
6      --target            //app | lib | wc | wc-async(默认值: app)
7      --name              //库或 Web Components 模式下的名字
8      --no-clean          //在构建项目之前不清除目标目录
9      --report            //生成 report.html 以帮助分析包内容
10     --report-json       //生成 report.json 以帮助分析包内容
11     --watch             //监听文件变化
```

在上述选项中，"--modern"使用现代模式构建应用，为现代浏览器交付原生支持的 ES2015 代码，并生成一个兼容旧浏览器的包，用来自动回退；"--target"允许将项目中的任何组件以一个库或 Web Components 组件的方式进行构建；"--report"和"--report-json"会根据构建统计生成报告，帮助用户分析包中模块的大小。

8.3.2　配置文件

Vue-CLI 3 引了全局配置文件的功能，如果项目的根目录中存在 vue.config.js 文件，就会被@vue/CLI-service 模块自动加载。因此，vue.config.js 是一个可选的配置文件。

下面演示 vue.config.js 的简单使用，详细配置说明请参考 Vue CLI 官方文档。

```
1    module.exports = {
2      publicPath: '/',                         //根目录
3      outputDir: 'dist',                       //默认 dist 构建输出目录
4      lintOnSave: true,                        //是否开启 ESLint 保存检测
5      runtimecompiler: false,                  //运行时版本是否需要编译
6      chainWebpack: () =>{},                   //Webpack 配置
7      configureWebpack: () =>{},               //Webpack 配置
8        vueLoader: {},                         //vue-loader 配置项
9        productionSourceMap: true,             //生产环境是否生成 SourceMap 文件
10       css: {
11     extract: true,
12     sourceMap: false,
13     loaderOptions: {},                       //CSS 预设器配置项
14     moudles: false                           //为所有 CSS 预处理文件启用 CSS 模块
15       },
16         parallel: require('os').cpus().length >1,
17       dll: false,                            //是否启用 dll
18     pwa: {},                                 //PWA 插件相关配置
19       devServer: {…},                        //webpack-dev-server 相关配置
20     pluginOptions: {                         //第三方插件配置
21         //…
22       }
23     }
```

上述代码中，第 4 行开启了 ESLint 保存检测，如果想要在生成构建时禁用 eslint-loader，可以改为如下配置：

```
1    lintOnSave: process.env.NODE_ENV !== 'production'
```

第 19 行的 devServer 中的字段是 webpack-dev-server 的相关配置，可用于以各种方式更改其行为。例如，devServer.before 提供在服务器内部的所有其他中间件之前执行自定义中间件的能力，可用于定义自定义处理程序。

下面通过例 8-1 演示如何配置 devServer 的 before 函数，以请求本地接口数据。

【例 8-1】　配置 devServer 的 before 函数。

（1）打开 8.1.3 节创建的 chapter08\hello-vue 项目，创建 data 目录，然后在 data 目录中创建 goods.json 文件，存放一些测试数据，具体代码如下：

```
1    {
2      "last_id": 0,
3      "list": [{
4        "order_id": "1",
5        "foods": [{
6          "name": "鲜枣馍",
7          "describe": "等 4 件商品",
8          "price": "12.00",
9          "date": "2018-08-14",
10         "time": "11:30",
11         "money": 48
12        }],
13        "taken": false
14      },
15      {
16        "order_id": "1",
17        "foods": [{
18          "name": "芝士火腿包",
19          "describe": "等 2 件商品",
20          "price": "14.00",
21          "date": "2018-08-16",
22          "time": "12:30",
23          "money": 28
24        }],
25        "taken": true
26      }]
27    }
```

（2）创建 C:\vue\chapter08\hello-vue\vue.config.js 文件，具体代码如下：

```
1    //导入 goods.json 文件
2    const goods = require('./data/goods.json')
3    module.exports = {
4      devServer: {
5        port: 8081,              //修改端口号
6        open: true,             //自动启动浏览器
7        before: app =>{
8          //请求接口地址 http://localhost:8081/api/goods
9          app.get('/api/goods', (req, res) =>{
```

```
10              res.json(goods)
11          })
12      }
13    }
14  }
```

（3）保存上述代码，执行 npm run serve 命令，启动项目。

（4）在浏览器中访问 http://localhost:8081/api/goods，运行结果如图 8-9 所示。

图 8-9　本地数据请求

8.3.3　配置多页应用

使用 Vue CLI 创建的 Vue 项目一般都是单页面应用，但是在一些特殊的场景下，如一套系统的管理端和客户端分为不同的页面应用，或者一个程序中可以访问不同的页面，但是这些页面之间有共用的部分，像这类多个页面模块之间相互独立的情况，就需要构建多页面应用。Vue CLI 支持使用 vue.config.js 的 pages 选项构建一个多页面应用，构建好的应用将会在不同的入口之间高效地共享通用的 chunk（组块），以获得最佳的加载性能。

下面对比一下单页面应用（SPA）和多页面应用（MPA）的区别，如表 8-1 所示。

表 8-1　对比 SPA 和 MPA

对比层面	SPA	MPA
结构	一个主页面＋许多模块的组件	许多完整的页面
体验	页面切换快，体验佳；当初次加载文件过多时，需要做相关的调优	页面切换慢，当网速慢时，体验尤其不好
资源文件	组件公用的资源只需要加载一次	每个页面都要自己加载公用的资源
适用场景	对体验度和流畅度有较高要求的应用，不利于 SEO（可借助 SSR 优化 SEO）	适用于对 SEO 要求较高的应用
过渡动画	Vue 提供了 transition 的封装组件，容易实现	很难实现
内容更新	相关组件的切换，即局部更新	整体 HTML 的切换，重复 HTTP 请求
路由模式	可以使用 hash，也可以使用 history	普通链接跳转
数据传递	因为单页面，使用全局变量就好（Vuex）	cookie、localStorage 等缓存方案、URL 参数、调用接口保存等

了解了单页面应用和多页面应用的区别后,下面以案例的方式讲解多页面应用在项目中的使用,如例 8-2 所示。

【例 8-2】 多页面应用的使用。

(1) 编写 chapter08\hello-vue\vue.config.js 文件,具体代码如下:

```
1    module.exports = {
2      pages: {
3        index: {
4          entry: 'src/index/main.js',    //页面的入口文件
5          template: 'public/index.html', //页面的模板文件
6          filename: 'index.html'  //build生成的文件名称   例: dist/index.html
7        },
8        //输出文件名会默认输出为 subpage.html
9        subpage: 'src/subpage/main.js'
10     }
11   }
```

(2) 上述代码中,第 9 行在 subpage 中只配置了入口文件。在访问该页面时,template 默认寻找 public/subpage.html 页面,如果找不到,则使用 public/index.html 文件。

(3) 执行如下命令,为项目安装 router 和 vuex。

```
1    vue add router
2    vue add vuex
```

在安装 router 时,程序会询问是否开启 history 模式,选择否。

① 创建与多页面应用相关的文件。在 src 目录下创建 index 目录,把 assets、Views、APP.vue、main.js、router 移动到 index 目录中。此时 index 的文件结构如下所示。

- assets:存放图片资源。
- Views:存放 About.vue、Home.vue。
- App.vue:页面渲染组件。
- main.js:页面主入口文件。
- router:存放路由文件。

② 修改 src\index\main.js 文件,将 store 的路径改为上级目录,具体代码如下:

```
1    import store from '.../store'
```

③ 创建 src\subpage 目录,把 src\index 目录下的文件复制到 subpage 目录。

④ 修改 src\store\index.js 文件,存放 tip 数据,具体代码如下:

```
1    import Vue from 'vue'
2    import Vuex from 'vuex'
3    Vue.use(Vuex)
4      export default new Vuex.Store({
```

```
5       state: {
6         tip: '页面测试'
7       },
8       mutations: {},
9       actions: {}
10    })
```

⑤ 修改 index\vuews\Home.vue 文件中的 JavaScript 代码，具体代码如下：

```
1    import HelloWorld from '@/components/HelloWorld.vue'
2      export default {
3        name: 'home',
4        components: {
5          HelloWorld
6        },
7        mounted () {
8        window.console.log('这个是默认页面的主页：' +this.$store.state.tip)
9      }
10    }
```

⑥ 修改 subpage\views\Home.vue 文件中的 JavaScript 代码，具体代码如下：

```
1    import HelloWorld from '@/components/HelloWorld.vue'
2      export default {
3        name: 'home',
4        components: {
5          HelloWorld
6        },
7      mounted () {
8          window.console.log('这个是多页面测试的主页：' +this.$store.state.tip)
9      }
10    }
```

⑦ 执行 npm run serve 命令，启动项目。

⑧ 在浏览器中访问 http://localhost:8080，运行结果如图 8-10 所示。

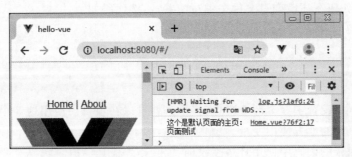

图 8-10　默认页面的主页

⑨ 访问 http://localhost:8080/subpage.html，运行结果如图 8-11 所示。

图 8-11　多页面的主页

8.4　环境变量和模式

8.4.1　环境变量

在一个项目的开发过程中，一般都会经历本地开发、代码测试、开发自测、环境测试、预上线环境等环节，最后才能发布线上正式版本。在这个过程中，每个环境可能都会有所差异，如服务器地址、接口地址等，在各个环境之间切换时，需要不同的配置参数。所以，为了方便管理，在 Vue CLI 中可以为不同的环境配置不同的环境变量。

在 Vue CLI 3 构建的项目目录中，移除了 config 和 build 这两个配置文件，并在项目根目录中定义了 4 个文件，用来配置环境变量，具体如下。

- .env：将在所有的环境中被载入。
- .env.loca：将在所有的环境中被载入，与 .env 的区别是只会在本地生效，会被 git 忽略。
- .env.[mode]：只在指定的模式下被载入，如 env.development 用来配置开发环境。关于模式，会在 8.5 节讲解。
- .env.[mode].local：只在指定的模式下被载入，与 env.[mode] 的区别是只会在本地生效，会被 git 忽略。

小提示：.env.development 比一般的环境文件（如.env）拥有更高的优先级。除此之外，Vue CLI 启动时已经存在的环境变量拥有最高优先级，并不会被 env 文件覆写。

下面演示如何在环境变量文件中编写配置，示例代码如下：

```
1    1 FOO='bar'
2    2 VUE APP SECRET='secret'
3    VUE APP_URL='urlApp'
```

上述代码中，设置了 3 个环境变量，接下来就可以在项目中使用这 3 个变量了。需要注意的是，在不同的地方使用变量，限制也不同，如下所示。

- 在 src 目录的代码中使用环境变量时，需要以"VUE_APP_"开头。例如，在 main.js 控制台输出 console.log(process.env.VUE_APP_URL)，结果为 urlApp。

● 在 Webpack 配置中，可以直接通过 process.env.XX 命令使用。

8.4.2　模式

默认情况下，一个 Vue CLI 项目有 3 种模式，具体如下。

● development：用于 vue-cli-service serve，即开发环境。

● production：用于 vue-cli-service build 和 vue-cli-service test：e2e，即正式环境。

● test：用于 vue-CLI-service test：unit。

下面演示如何配置一个自定义模式。打开 package.json 文件，找到 scripts 部分，通过"--mode"选项修改模式，具体代码如下：

```
1    "scripts": {
2      "serve": "vue-cli-service serve",
3      "build": "vue-cli-service build",
4      "lint": " vue-cli-service lint",
5      "stage": "vue-cli-service build --mode stage"
6    },
```

在上述代码中，第 5 行新增了自定义的 stage 模式，用来模拟预上线环境。

然后在项目根目录下创建.env.stage 文件，具体代码如下：

```
1    NODE_ENV='production'
2    VUE_APP_CURRENTMODE='stage'
3    outputDir='stage'
```

在上述代码中，第 1 行的环境变量 NODE_ENV 的值为 production，表示在 Node.js 下的运行环境为生产环境，通过 process.env.NODE_ENV 可以获取这个值；第 2 行表示项目变量；第 3 行表示打包之后的文件保存目录。

然后在 vue.config.js 文件中使用环境变量，指定输出目录为环境变量配置的 stage 目录，具体代码如下：

```
1    module.exports = {
2      outputDir: process.env.outputDir
3    }
```

上述代码中，第 2 行使用 process.env.outputDir 获取了环境变量中 outputDir 的值。

保存上述代码，执行 npm run stage 命令，就可以看到在项目根目录下生成了 stage 目录，如图 8-12 所示。

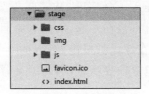

图 8-12　stage 目录

8.5 静态资源管理

在 Vue CLI 2.x 中，Webpack 默认存放静态资源的目录是 static 目录，不会经过 Webpack 的编译与压缩，在打包时会直接复制一份到 dist 目录。而 Vue CLI 3.x 提供了 public 目录，用来代替 static 目录，对于静态资源的管理有如下两种方式。

- 经过 Webpack 处理：在 JavaScript 被导入或在 template/CSS 中通过相对路径被引用的资源。
- 不经过 Webpack 处理：存放在 public 目录下或通过绝对路径引用的资源，这类资源将会被直接复制一份，不做编译和压缩处理。

从以上两种方式可以看出，静态资源的管理不仅和 public 目录有关，也和引入方式有关。根据引入路径的不同，有如下管理规则。

- 如果 URL 是绝对路径，如/images/logo.png，则会保持不变。
- 如果 URL 以"."前缀开头，则会被认为是相对模块请求，根据文档目录结构进行解析。
- 如果 URL 以"～"前缀开头，则其后的任何内容都会被认为是模块请求，表示可以引用 node_modules 中的资源，如<img src="～some-npm-package/foo.png">。
- 如果 URL 以"@"前缀开头，则会被认为是模块请求，因为 Vue CLI 的默认别名@表示<projectRoot>/src(仅作用于模板中)。

在了解转换规则后，下面针对相对路径引入静态资源和 public 目录引入静态资源分别进行讲解。

8.5.1 相对路径引入静态资源

使用相对路径引入的静态资源文件会被 Webpack 解析为模块依赖。所有的.vue 文件经过 vue-loader 的解析，都会把代码分隔成多个片段，其中，template 标签中的内容会被 vue-html-loader 解析为 Vue 的渲染函数，最终生成 js 文件，而 css-loader 用于将 css 文件打包到 js 中，常配合 style-loader 一起使用，以将 css 文件打包并插入页面中。这种方式类似于 Vue CLI 2.x 版本中的 assets 目录。

例如，CSS 背景图 background：url(./logo.png)会被转换为 require('.logo.png')。<img src="/logo.png">会被编译成如下代码：

```
1    createElement('img', { attrs: { src: require('./logo.png') }})
```

将静态资源作为模块依赖导入，它们会被 Webpack 处理，并具有如下优势。

- 脚本和样式表会被压缩且打包在一起，从而避免额外的网络请求。
- 如果文件丢失，则会直接在编译时报错，而不是到了用户端才产生 404 错误。
- 由于最终生成的文件名包含内容哈希，因此浏览器会缓存它们的最新版本。

8.5.2 public 目录引入静态资源

保存在 public 目录下的静态资源不会经过 Webpack 处理，会直接被简单复制，类似于 Vue CLI 2.x 版本中的 static 目录。在引入时，必须使用绝对路径，示例代码如下：

```
1    <imgsrc="/logo.png">
```

如果应用没有部署在根目录，为了便于管理静态资源的路径，可以在 vue.config.js 文件中使用 publicPath 配置路径前缀，示例代码如下：

```
1    publicPath: '/abc/'
```

配置路径前缀后，在代码中使用前缀时有如下两种方式。

（1）对于 public/index.html 文件或者其他通过 html-webpack-plugin 插件用作模板的 HTML 文件，可以使用<％＝BASE_URL％>设置路径前缀，示例代码如下：

```
1    <link rel="icon"  href="<%= BASE_URL %>favicon.ico"
```

（2）在组件模板中，原来的路径还可以继续使用，不影响图片的正常显示。如果需要更改路径，则可以向组件中传入基础 URL，示例代码如下：

```
1    <img:src=" '${publicPath}logo.png' ">
```

然后在 data 中返回 publicPath 的值，具体代码如下：

```
1    data () {
2      return {
3        publicPath: process.env.BASE_URL
4      }
5    }
```

上述代码中，process.env.BASE_URL 会自动转换为 publicPath 配置的路径。经过以上处理后，图片的路径会自动处理为"/abc/logo.png"。

8.6 综合案例——使用 Vue CLI 快速创建 Vue 项目

（1）创建项目存储文件夹 Vue_Project。
（2）通过 vue ui 命令使用图形界面创建和管理项目，如图 8-13 所示。

 8.6.1 项目配置

（1）创建项目存储位置，如图 8-14 至图 8-16 所示。

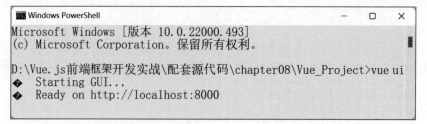

图 8-13　执行 vue ui 命令

图 8-14　创建项目存储位置

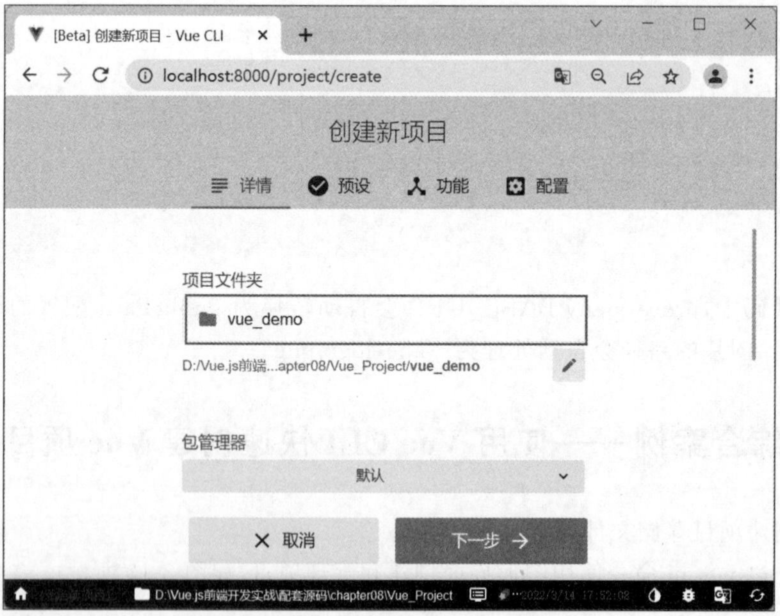

图 8-15　项目文件夹

推荐选择【手动】选项，项目会比较简洁，如图 8-16 所示。

图 8-16　选择手动模式

（2）配置项目功能，检查 es6 语法建议不选择，如图 8-17 所示。

图 8-17　项目功能配置

（3）配置项目历史记录，如图 8-18 所示。

（4）选择是否保存模板（下一次可以使用该配置模板进行开发），如图 8-19 所示。

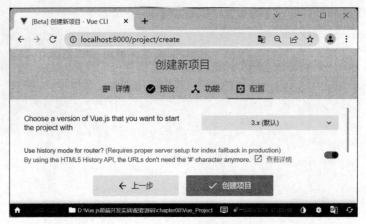

图 8-18　历史记录配置

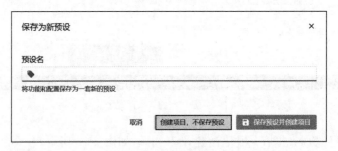

图 8-19　保存模板

（5）测试。项目创建完成之后，可测试是否创建成功，如图 8-20 所示。运行成功后，打开浏览器访问 localhost:8080，即可进入 Vue 首页，如图 8-21 所示。

图 8-20　运行项目

8.6.2　安装插件

实际开发中，可能还要依赖于其他框架，如依赖 Element-ui 和 Vue 完成整个项目页面的开发，以及其他必要的库，如 axios 库。这些库可以通过命令方式在开发工具中进行安装，也可以直接在 Vue CLI 可视化界面中进行安装。

图 8-21　Vue 首页

（1）安装 Axios 依赖库，搜索 axios 插件并安装，如图 8-22 所示，安装成功后，如图 8-23 所示。Element-ui 的安装过程和 axios 的相同，这里不再赘述。

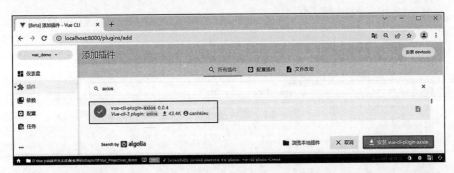

图 8-22　添加 axios 插件

图 8-23　axios 插件安装成功

（2）使用开发工具打开刚刚创建的项目，可以看到，在 plugins 下已经出现了 axios.js 和 element.js 文件，说明这两个插件安装成功，如图 8-24 所示。

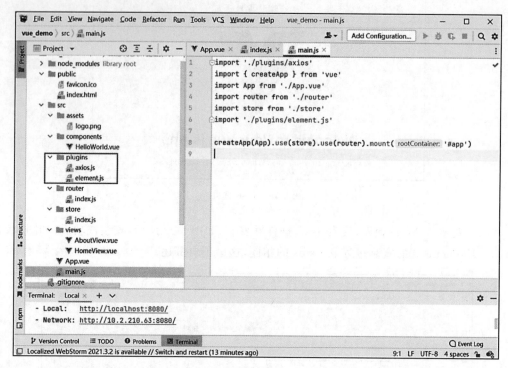

图 8-24 查看插件安装情况

本章小结

本章主要讲解了 Vue CLI 的安装与基本使用，在现有项目中添加 CLI 插件和第三方插件，在项目本地安装与使用插件，通过命令访问 CLI 服务，全局配置项目配置文件 vue.config.js，以及静态资源的处理方式。

经典面试题

1. 构建 Vue CLI 工程都用到了哪些技术？它们的作用分别是什么？

2. Vue CLI 工程常用的 npm 命令有哪些？

3. 说出 Vue CLI 工程中每个文件夹和文件的用途。

4. 详细介绍 package.json 文件里面的配置。

5. 说明 config 文件夹下 index.js 在工程开发环境和生产环境中如何配置。

上机练习

　　使用 Vue CLI 创建一个 demo 项目，并通过插件形式安装 Vuex、Vue-router 等常见插件。

　　操作要求：分别使用 Vue 命令形式和 GUI 形式实现。

第9章 服务器端渲染

服务器端渲染（Server Side Rendering，SSR）简单理解就是指将页面在服务器中完成渲染，然后在客户端直接展示。服务器端渲染的 Vue 应用程序被认为是"同构"或"通用"的，这是因为应用程序的大部分代码都可以在服务器和客户端上运行。

本章要点

- 了解服务器端渲染的概念
- 了解服务器端渲染的优点和不足
- 掌握服务器端渲染的基本实现方法
- 熟练使用 Webpack 搭建服务器端渲染

励志小贴士

我们终其一生都在向更好的自己靠近。没有谁的成功是一蹴而就的，每个人都是通过努力去决定生活的样子。与其埋怨怀才不遇、感慨时运不济，不如行动起来，好好提升自己。你未来的样子，就藏在你度过的每一个今天。

9.1 初识服务器端渲染

服务器端渲染是指将页面或者组件通过服务器生成 HTML 字符串,然后将它们直接发送到浏览器,最后将静态标记"混合"为客户端上完全交互的应用程序。本节将对服务器端渲染的基本概念和注意事项进行详细讲解。

9.1.1 客户端渲染与服务器端渲染的区别

1. 客户端渲染

客户端渲染即传统的单页面应用模式,Vue.js 构建的应用程序在默认情况下是一个 HTML 模板页面,只有一个 id 为 app 的<div>根容器,然后通过 webpack 打包成 js 等资源文件,最后浏览器加载、解析以渲染 HTML。

客户端渲染时,一般使用 webpack-dev-server 插件,它可以帮助用户自动开启一个服务器端,主要作用是监控代码并打包,也可以配合 webpack-hot-middleware 进行热替换(HMR),这样能提高开发效率。

小提示:

webpack-dev-middleware 一般和 webpack-hot-middeware 配套使用。前者是一个 express 中间件,主要实现两种效果,一是提高编译读取速度;二是监听 watch 变化,完成动态编译。虽然完成了监听变化并动态编译,但是浏览器上不能动态刷新。

在 webpack 中使用模块热替换,能够在运行时无须开发者重新运行 npm run dev 命令刷新页面便能更新更改的模块,并且将效果及时展示出来,这极大地提高了开发效率。

2. 服务器端渲染

Vue 进行服务器端渲染时,需要利用 Node.js 搭建一个服务器,并添加服务器端渲染的代码逻辑。可以使用 webpack-dev-middleware 中间件对更改的文件进行监控,使用 webpack-hot-middleware 中间件进行页面的热替换,使用 vue-server-renderer 插件渲染服务器端打包,bundle 文件到客户端。

3. 服务器端渲染的优点

如果网站对 SEO(搜索引擎优化)的要求比较高,且页面又是通过异步获取内容的,则需要使用服务器端渲染解决此问题。

服务器端渲染相对于传统的单页面应用来说,主要有以下优势。

1)利于 SEO

Vue SSR 利用 Node.js 搭建页面渲染服务,在服务器端完成页面的渲染(把以前需要在客户端完成的页面渲染放在服务器端完成),便于输出对 SEO 更友好的页面。

2)首屏渲染速度快

在前后端分离的项目中,前端部分需要先加载静态资源,再采用异步的方式获取数据,最后渲染页面。其中,在获取静态资源和异步获取数据阶段,页面上是没有数据的,这将会影响首屏的渲染速度和用户体验。

而使用服务器端渲染的项目,特别是对于缓慢的网络情况或运行缓慢的设备来说,无须等待所有的 JavaScript 脚本都完成下载并执行才会显示服务器端渲染的标记,这使得用户将会更快速地看到完整渲染的页面,大大提升了用户体验。

4. 服务器端渲染的不足

在使用服务器端渲染时,还需要注意以下两点。

1) 服务器端压力增加

服务器端渲染需要在 Node.js 中渲染完整的应用程序,这会大量占用 CPU 资源。如果在高流量的环境下使用,则建议利用缓存降低服务器负载。

2) 涉及构建设置和部署的要求

页面应用程序可以部署在任何静态文件服务器上,而服务器端渲染应用程序需要运行在 Node.js 服务器环境中。

9.1.2 服务器端渲染的注意事项

1. 版本要求

Vue 2.3.0＋版本的服务器端渲染要求 vue-server-renderer(服务器端渲染插件)的版本要与 Vue 的版本相匹配。需要的 Vue 相关插件最低版本如下。

- vue & vue-server-renderer 2.3.0＋。
- vue-router 2.5.0＋。
- vue-loader 12.0.0＋ & vue-style-loader 3.0.0＋。

2. 路由模式

Vue 有两种路由模式:一种是 hash(哈希)模式,在地址栏 URL 中会自带"♯",例如 http://localhost/♯/login,但不会被包含在 HTTP 请求中,改变 hash 不会重新加载页面;另一种是 history 模式,URL 中不会自带"♯",看起来比较美观,如 http://localhost/login。history 模式利用 history.pushState API 完成 URL 跳转,无须重新加载页面。由于 hash 模式的路由无法提交到服务器上,因此服务器端渲染的路由需要使用 history 模式。

9.2　服务器端渲染的简单实现

服务端渲染的实现通常有 3 种方式:第一种是手动进行项目的简单搭建;第二种是使用 Vue CLI 3 进行搭建;第三种是利用一些成熟的框架进行搭建(如 Nuxt.js)。本节将讲解第一种方式,带领读者手动搭建项目,实现简单的服务器端渲染。

9.2.1 创建 vue-ssr 项目

在 chapter09 目录中,使用命令行工具创建一个 vue-ssr 项目,具体命令如下:

```
1    mkdir vue-ssr
2    cd vue-ssr
3    npm init -y
```

执行上述命令后,vue-ssr 目录下会生成一个 package.json 文件。在 Vue 中使用服务器端渲染需要借助 Vue 的扩展模块 vue-server-renderer。下面在 vue-ssr 项目中使用 npm 安装 vue-server-renderer,具体命令如下:

```
1    npm install vue@2.6.x vue-server-renderer@2.6.x --save
```

vue-server-renderer 是 Vue 中处理服务器加载的一个模块,它给 Vue 提供了在 Node.js 服务器端渲染的功能。vue-server-renderer 依赖一些 Node.js 原生模块,目前只能在 Node.js 中使用。

9.2.2 渲染 Vue 实例

vue-server-renderer 安装完成后,创建服务器脚本文件 test.js,将 Vue 实例的渲染结果输出到控制台,具体代码如下:

```
1    //① 创建一个 Vue 实例
2    const Vue = require('vue')
3    const app = new Vue({
4      template: '<div>SSR 的简单使用</div>'
5      })
6      //② 创建一个 renderer 实例
7      const renderer = require('vue-server-renderer').createRenderer()
8      //③ 将 Vue 实例渲染为 HTML
9      renderer.renderToString(app, (err, html) =>{
10       if(err) {
11         throw err
12       }
13       console.log(html)
14     })
```

在命令行中执行 node test.js,运行结果如下:

```
1    <div data-server-rendered="true">SSR 的简单使用</div>
```

从上述结果可以看出,在 < div > 标签中添加了一个特殊的属性 data-server-rendered,该属性用于告诉客户端的 Vue:这个标签是由服务器端渲染的。

9.2.3 Express 搭建 SSR

Express 是一个基于 Node.js 平台的 Web 应用开发框架,用来快速开发 Web 应用。下面讲解如何在 Express 框架中实现 SSR,具体步骤如下。

(1) 在 vue-ssr 项目中执行如下命令,安装 Express 框架。

```
1    npm install express@4.17.x --save
```

（2）创建 template.html 文件，编写模板页面，具体代码如下：

```html
1   <!DOCTYPE html>
2   <html>
3     <head><title>Hello</title></head>
4     <body>
5       <!--vue-ssr-outlet-->
6     </body>
7   </html>
```

上述代码中，第 5 行的注释是 HTML 注入的地方，该注释不能删除，否则会报错。

（3）在项目目录下创建 server.js 文件，具体代码如下：

```javascript
1   //① 创建 Vue 实例
2   constVue = require('vue')
3   const server = require('express')()
4   //② 读取模板
5   const renderer = require('vue-server-renderer').createRenderer({
6     template: require('fs').readFileSync('./template.html', 'utf-8')
7   })
8    //③ 处理 GET 方式请求
9   server.get('*', (req, res) =>{
10    res.set({'Content-Type': 'text/html; charset=utf-8'})
11    constvm = new Vue({
12      data: {
13        title: '当前位置',
14        url: req.url
15      },
16      template: '<div>{{title}}: {{url}}</div>',
17    })
18    //④ 将 Vue 实例渲染为 HTML 后输出
19    renderer.renderToString(vm, (err, html) =>{
20      if (err) {
21        res.status(500).end('err: ' +err)
22        return
23      }
24      res.end(html)
25    })
26  })
27  server.listen(8080, function () {
28    console.log('server started at localhost:8080')
29    })
```

上述代码中，第 6 行传入了 template.html 文件的路径，在渲染时会以 template.html 作为基础模板；第 10 行设置了响应的 Content-Type 为 text/html，字符集为 UTF-8；

第 11～16 行创建了 Vue 实例；第 19 行调用了 renderer.renderToString()方法以渲染生成 HTML，成功之后，第 24 行调用了 res.end()方法将 HTML 结果发送给浏览器。

（4）执行如下命令，启动服务器。

```
1    node server.js
```

执行上述命令后，在浏览器中访问 http://localhost:8080，结果如图 9-1 所示。
在浏览器中查看源代码，如图 9-2 所示。

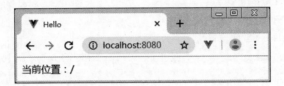

图 9-1　Express 搭建 SSR

图 9-2　浏览器输出结果

在图 9-2 中，可以看到 data-server-renderd 的值为 true，说明当前页面已经是服务器端渲染后的结果了。

9.2.4　Koa 搭建 SSR

Koa 是一个基于 Node.js 平台的 Web 开发框架，它致力于成为 Web 应用和 API 开发领域更富表现力的技术框架。Koa 能帮助开发者快速地编写服务器端应用程序，并通过 async 函数很好地处理异步的逻辑，有力地增强错误处理。下面讲解如何在 Koa 中搭建 SSR。

（1）在 vue-ssr 项目中安装 Koa，具体命令如下：

```
1    npm install koa@2.8.x --save
```

（2）创建 koa.js 文件，编写服务器端逻辑代码，具体代码如下：

```
1    //① 创建 Vue 实例
2    const Vue = require('vue')
```

```
3      const Koa = require('koa')
4      const app = new Koa()
5    //② 读取模板
6    const renderer = require('vue-server-renderer').createRenderer({
7      template: require('fs').readFileSync('./template.html', 'utf-8')
8    })
9    //③ 添加一个中间件以处理所有请求
10   app.use(async (ctx, next) =>{
11     const vm = new Vue({
12       data: {
13         title: '当前位置',
14         url: ctx.url        //这里的 ctx.url 相当于 ctx.request.url
15       },
16       template: '<div>{{title}}: {{url}}</div>'
17     })
18     //④ 将 Vue 实例渲染为 HTML 后输出
19     renderer.renderToString(vm, (err, html) =>{
20       if (err) {
21         ctx.res.status(500).end('err: '+err)
22         return
23       }
24       ctx.body = html
25     })
26   })
27   app.listen(8081, function () {
28     console.log('server started at localhost:8081')
29   })
```

在上述代码中，第 7 行的 template.html 文件是渲染的模板，在 9.2.3 节已经编写完成；第 11～17 行创建了 Vue 实例；第 19～25 行将 Vue 实例渲染为 HTML 后输出。

（3）执行如下命令，启动服务器。

```
1    node koa.js
```

执行上述命令后，在浏览器中访问 http://localhost:8081，结果如图 9-3 所示。

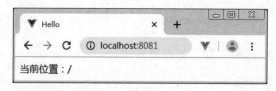

图 9-3　Koa 搭建 SSR

9.3　webpack 搭建服务器端渲染

本节将使用 Vue CLI 3＋webpack 搭建服务器端渲染,这种方式相对 9.2 节介绍的方式更难,Vue 在官方文档中也进行了较深入的介绍,对于初学者来说可能并不容易理解,适合具有一定技术功底的读者阅读。如果只是利用服务器端渲染快速搭建项目,读者可以选择学习 9.4 节讲解的 Nuxt.js 框架,使用这个框架可以轻松实现服务器端渲染。

9.3.1　基本流程

webpack 服务器端渲染需要使用 entry-server.js 和 entry-client.js 两个入口文件,两者通过打包生成两份 bundle 文件。其中,通过 entry-server.js 打包的代码运行在服务器端,通过 entry-client.js 打包的代码运行在客户端。

Vue 官方文档中提供了 webpack 服务器端渲染的流程图,如图 9-4 所示。

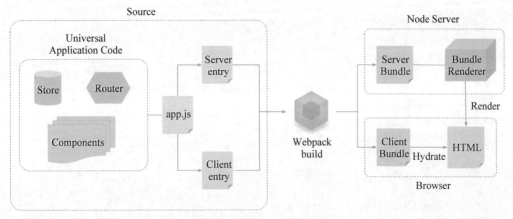

图 9-4　服务器端渲染流程图

在图 9-4 中,Source 表示 src 目录下的源代码文件,Node Server 表示 Node 服务器,Browser 表示浏览器,Universal Application Code 是服务器端和浏览器端共用的代码,Server entry 和 Client entry 分别包含服务器端应用程序(仅运行在服务器)和客户端应用程序(仅运行在浏览器),对应 entry-server.js 和 entry-client.js 两个入口文件,webpack 将这两个入口文件分别打包成给服务器端使用的 Server Bundle 和给客户端使用的 Client Bundle。app.js 是通用入口文件,用来编写两个入口文件中相同部分的代码。当服务器端接收到了来自客户端的请求之后,会创建一个 Bundle Renderer 渲染器,这个渲染器会读取 Server Bundle 文件,并且执行它的代码,然后发送一个生成好的 HTML 到浏览器。

9.3.2　项目搭建

1. 创建项目

(1)通过 npm 全局安装@vue/cli 脚手架,用于搭建开发模板,命令如下:

```
1    npm install @vue/cli@3.10 -g
```

（2）在 chapter09 目录中创建一个名为 ssr-project 的项目，命令如下：

```
1    vue create ssr-project
```

执行上述命令后，会进入一个交互界面，选择 default 默认即可。
（3）在 ssr-project 项目中安装依赖，命令如下：

```
1    cd ssr-project
2    npm install vue-router@3.1.x koa@2.8.x vue-server-renderer@2.6.x --save
```

2. 配置 vue.config.js

在项目目录中创建 vue.config.js，对 webpack 进行配置，具体代码如下：

```
1    const VueSSRServerPlugin = require('vue-server-renderer/server-plugin')
2      module.exports = {
3      configureWebpack: () =>({
4        entry: './src/entry-server.js',
5        devtool: 'source-map', //对 bundle renderer 提供 source map 支持
6        target: 'node',
7        output: {
8          libraryTarget: 'commonjs2'
9        },
10       plugins: [ new VueSSRServerPlugin() ]
11     }),
12     chainWebpack: config =>{
13         config.optimization.splitChunks(undefined)
14       config.module.rule('vue').use('vue-loader')
15     }
16   }
```

在上述代码中，第 4 行将 entry 指向 src 目录下的 entry-server.js 文件；第 6 行设置 target 的值为 node，会编译为 Node.js 环境下使用的 require 加载 chunk；第 8 行表示将库的返回值分配给 module.exports，在 CommonJS 环境下使用；第 10 行表示插件配置选项，选项中的插件必须是 new 实例；第 12～15 行是 webpack 链接，用于修改加载器选项。

3. 编写项目代码

（1）删除 src 目录中的所有文件，然后重新创建项目文件。
（2）创建 src\app.js 文件，具体代码如下：

```
1    import Vue from 'vue'
2    import App from './App.vue'
3    import { createRouter } from './router'
```

```
4     Vue.config.productionTip = false
5     export function createApp() {
6       const router = createRouter()
7       const app = new Vue({
8         router,
9         render: h =>h(App)
10      })
11      return { app, router }
12    }
```

上述代码中，第 5~12 行导出了 createApp()函数，以便在其他地方引用，其中，第 6 行用于创建 router 实例；第 7~10 行用于创建 Vue 实例，第 8 行将 router 注入 Vue 实例，第 9 行使用根实例渲染应用程序组件，第 11 行返回 app 和 router。

（3）创建 src\router.js 文件，具体代码如下：

```
1     import Vue from 'vue'
2     import Router from 'vue-router'
3     Vue.use(Router)
4     export function createRouter () {
5       return new Router({
6         mode: 'history',
7         routes: [
8           {
9             path: '/',
10            name: 'home',
11            component: () =>import('./App.vue')
12          }
13        ]
14      })
15    }
```

上述代码中，第 4~14 行创建了一个路由器实例，导出了 createRouter()函数，以便在其他地方引用。

（4）创建 App.vue 文件，具体代码如下：

```
1     <template>
2       <div id="app">test</div>
3     </template>
4     <script>
5     export default {
6       name: 'app'
7     }
8     </script>
```

上述代码中，第 2 行设置了 div 标签的 id 为 app，并且页面内容为 test。

（5）创建 entry-server.js 文件，该文件是服务器打包入口文件，在 Vue 官方文档中提供了该文件的示例，可以直接复制到项目中使用。具体代码如下：

```
1    <template>
2      <div id="app">test</div>
3    </template>
4    <script>
5    export default {
6      name: 'app'
7    }
8    </script>
```

```
1    import { createApp } from './app'
2    export default context =>{
3      return new Promise((resolve, reject) =>{
4        const { app, router } = createApp()
5        router.push(context.url)
6        router.onReady(() =>{
7          const matchedComponents = router.getMatchedComponents()
8          if(!matchedComponents.length) {
9            return reject(new Error('no components matched'))
10         }
11         resolve(app)
12       }, reject)
13     })
14   }
```

上述代码中，第 1 行从 app.js 中导入了 createApp 函数；第 3～13 行返回了 Promise，这是考虑到在可能是异步路由钩子函数或者组件的情况下便于服务器等待全部内容在渲染前准备就绪，其中，第 5 行是根据 Node 传过来的 context.url，用于设置服务器端路由的位置，第 7 行获取了当前路由匹配的组件数组，如果长度为 0 则表示没有找到，然后执行 reject()函数，返回提示语。

4. 生成 vue-ssr-server-bundle.json

（1）修改 package.json 文件，在 scripts 脚本命令中添加如下内容：

```
1    "build:server": "vue-cli-service build --mode server"
```

（2）执行如下命令，生成 vue-ssr-server-bundle.json 文件。

```
1    npm run build:server
```

执行上述命令后，在 dist 目录中可以看到生成的 vue-ssr-server-bundle.json 文件。

5.编写服务器端代码

（1）服务器端代码主要通过 Koa、vue-server-renderer 实现,这部分代码可以参考官方文档中的介绍。创建 server.js 文件,具体代码如下:

```
1    const Koa = require('koa')
2    const app = new Koa()
3    const bundle = require('./dist/vue-ssr-server-bundle.json')
4    const { createBundleRenderer } = require('vue-server-renderer')
5    const renderer = createBundleRenderer(bundle, {
6      template: require('fs').readFileSync('./template.html', 'utf-8'),
7    })
8    function renderToString (context) {
9      return new Promise((resolve, reject) =>{
10       renderer.renderToString(context, (err, html) =>{
11         err ? reject(err): resolve(html)
12       })
13     })
14   }
15   app.use(async (ctx, next) =>{
16     const context = {
17       title: 'ssr project',
18       url: ctx.url
19     }
20     const html = await renderToString(context)
21     ctx.body = html
22   })
23   app.listen(8080, function() {
24     console.log('server started at localhost:8080')
25   })
```

在上述代码中,第 3 行加载了 dist 目录下的 vue-ssr-server-bundle.json 文件,该文件就是服务器端的 Server Bundle 文件,加载后,在第 5 行传给 createBundleRenderer()函数;第 8～14 行的 renderToString()函数用于将 Vue 实例渲染成字符串,并在第 11 行通过 resolve()函数返回渲染后的 HTML 结果,然后在第 20 行接收,并在第 21 行将其设置为 ctx.body。

（2）创建 template.html 文件,具体代码如下:

```
1    <!DOCTYPE html>
2    <html>
3      <head><title>SSR Project</title></head>
4      <body>
5        <!--vue-ssr-outlet-->
6      </body>
7    </html>
```

（3）执行如下命令，启动服务器。

```
1    node server.js
```

（4）通过浏览器访问 http://localhost:8080，运行结果如图 9-5 所示。

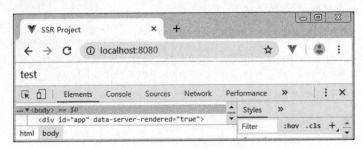

图 9-5　服务器端渲染结果

在图 9-5 中可以看到，data-server-rendered 的值为 true，说明当前页面是服务器端渲染后的结果。

9.4　Nuxt.js 服务器端渲染框架

Nuxt.js 是一个基于 Vue.js 的轻量级应用框架，可用来创建服务器端渲染应用，也可充当静态站点引擎生成静态站点应用，具有优雅的代码结构分层和热加载等特性。本节将讲解如何利用 Nuxt.js 创建服务器端渲染项目。

9.4.1　创建 Nuxt.js 项目

Nuxt.js 提供了利用 Vue.js 开发服务器端渲染的应用所需的各种配置，为了快速入门，Nuxt.js 团队创建了脚手架工具 create-nuxt-app，具体使用步骤如下。

（1）全局安装 create-nuxt-app 脚手架工具，命令如下：

```
1    npm install create-nuxt-app@2.9.x -g
```

脚手架安装完成后，就可以使用脚手架工具创建 my-nuxt-demo 项目了。

（2）在 chapter09 目录下执行以下命令，创建项目。

```
1    create-nuxt-app my-nuxt-demo
```

（3）在创建项目的过程中会询问选择哪个包管理器，在这里选择使用 npm，命令如下：

```
1    ? Choose the package manager (Use arrow keys)
2      Yarn
3    > Npm
```

（4）当询问选择哪个渲染模式时，在这里选择使用 SSR，命令如下：

```
1    ? Choose rendering mode (Use arrow keys)
2    > Universal (SSR)
3      Single Page App
```

（5）安装配置完成后，启动项目，命令如下：

```
1    cd my-nuxt-demo
2    npm run dev
```

（6）通过浏览器访问 http：//localhost：3000/，运行结果如图 9-6 所示。

图 9-6　my-nuxt-demo 项目的运行结果

接下来对 my-nuxt-demo 项目中的关键文件进行说明，详细描述如表 9-1 所示。

表 9-1　my-nuxt-demo 项目中的文件说明

文　　件	说　　明
assets	存放待编译的静态资源，如 Less、Sass
static	存放不需要 webpack 编译的静态文件，服务器启动时，该目录下的文件会映射至应用的根路径"/"下
components	存放自己编写的 Vue 组件
layouts	布局目录，用于存放应用的布局组件
middleware	用于存放中间件
pages	用于存放应用的路由及视图，Nuxt.js 会根据该目录结构自动生成对应的路由配置
plugins	用于存放需要在根 Vue 应用实例化之前需要运行的 JavaScript 插件
nuxt.config.js	用于存放 Nuxt.js 应用的自定义配置，以便覆盖默认配置

◆ 9.4.2 页面和路由

在项目中，pages 目录用来存放应用的路由及视图。目前，该目录下有两个文件，分别是 index.vue 和 README.md，当直接访问根路径"/"时，默认打开的是 index.vue 文件。Nuxt.js 会根据目录结构自动生成对应的路由配置，将请求路径和 pages 目录下的文件名进行映射。例如，访问 test 就表示访问 test.vue 文件，如果文件不存在，就会提示"This page could not be found"（该页面未找到）错误。接下来，创建 pages\test.vue 文件，具体代码如下：

```
1    <template>
2      <div>test</div>
3    </template>
```

通过浏览器访问 http://localhost:3000/test，运行结果如图 9-7 所示。

图 9-7　访问 test 组件

pages 目录下的 vue 文件也可以放在子目录中，在访问时也要加上子目录路径。例如，创建 pages\sub\test.vue 文件，具体代码如下：

```
1    <template>
2      <div>sub/test</div>
3    </template>
```

然后使用 http://localhost:3000/sub/test 地址即可访问 pages\sub\test.vue 文件。通过上述操作演示可以看出，Nuxt.js 提供了非常方便的自动路由机制，当它检测到 pages 目录下的文件发生变更时，就会自动更新路由。通过查看".nuxt\router.js"路由文件即可看到 Nuxt.js 自动生成的代码，如下所示：

```
1    routes: [{
2      path: "/test",
3      component: _5c170d74,
4      name: "test"
5      }, {
6      path: "/sub/test",
7      component: _c12b6364,
8      name: "sub-test"
9      }, {
```

```
10      path: "/",
11      component: _f51f2a64,
12      name: "index"
13    }]
```

9.4.3　页面跳转

Nuxt.js 使用<nuxt-link>组件完成页面中路由的跳转,它类似于 Vue 中的路由组件<router-link>,它们具有相同的属性,使用方式也相同。需要注意的是,在 Nuxt.js 项目中不要直接使用<a>标签进行页面的跳转,因为<a>标签会重新获取一个新的页面,而<nuxt-link>组件更符合 SPA 的开发模式。下面介绍 Nuxt.js 中的两种页面跳转方式。

1. 声明式路由

以 pages\test.vue 页面为例,在页面中使用<nuxt-link>组件完成路由跳转,具体代码如下:

```
1    <template>
2      <div>
3        <nuxt-link to="/sub/test">跳转到 sub/test</nuxt-link>
4      </div>
5    </template>
```

2. 编程式路由

编程式路由就是在 JavaScript 代码中实现路由的跳转。以 pages\sub\test.vue 页面为例,示例代码如下:

```
1    <template>
2      <div>
3        <button @click="jumpTo">跳转到 test</button>
4        <div>sub/test</div>
5      </div>
6    </template>
7    <script>
8    export default {
9        methods: {
10          jumpTo () {
11              this.$router.push('/test')
12          }
13        }
14    }
15    </script>
```

上述代码中，第 3 行给 button 按钮绑定了 jumpTo()方法，然后第 9、10 行在 methods 函数中加入了 jumpTo()方法；第 11 行使用 this.$router.push('/test')导航到了 test 页面。

9.5 综合案例——通过 Node.js＋Express 实现 Web 服务器端渲染

如果对 Node.js 和 Express 不了解，则本节可略过。如果没有用到 Web 服务器，很难说是服务器端渲染。下面构建一个非常简单的服务器端渲染应用，实现启动一个应用以告诉用户其在一个页面上花了多少时间。具体代码如下：

```
1    new Vue({
2      template: '<div>你已经在这花了 {{ counter }} 秒。</div>',
3      data: {
4        counter: 0
5      },
6      created: function () {
7        var vm = this
8        setInterval(function () {
9          vm.counter += 1
10        }, 1000)
11      }
12    })
```

为了适应服务器端渲染，需要对上述代码进行一些修改，以让它可以在浏览器和 Node 中进行渲染。

- 在浏览器中，将应用实例添加到全局上下文(window)上，可以安装它。
- 在 Node 中，导出一个工厂函数，以为每个请求创建应用实例。

```
1    //assets/app.js
2    (function () { 'use strict'
3    var createApp = function () {
4      //主要的 Vue 实例必须返回，并且有一个根节点在 id "app"上，这样客户端可
5    以加载它
6      return new Vue({
7        template: '<div id="app">你已经在这花了 {{ counter }} 秒。</div>',
8        data: {
9          counter: 0
10        },
11        created: function () {
12          var vm = this
13          setInterval(function () {
14            vm.counter += 1
15          }, 1000)
```

```
16            }
17        })
18    }
19
20    if(typeof module !== 'undefined' &&module.exports) {
21        module.exports = createApp
22      } else {
23        this.app = createApp()
24      }
25    }).call(this)
```

现在有了应用代码,接下来新建一个 HTML 文件。具体代码如下:

```
1     <!--index.html -->
2     <!DOCTYPE html>
3     <html>
4     <head>
5       <title>My Vue App</title>
6       <script src="/assets/vue.js"></script>
7     </head>
8     <body>
9       <div id="app"></div>
10      <script src="/assets/app.js"></script>
11      <script>app.$mount('#app')</script>
12    </body>
13    </html>
```

主要引用 assets 文件夹中先前创建的 app.js 和 vue.js 文件,就有了一个可以运行的单页面应用。

为了实现服务器端渲染,在 Node.js 服务器端需要添加如下代码:

```
1     //server.js
2     'use strict'
3
4     var fs = require('fs')
5     var path = require('path')
6
7     //定义全局的 Vue 为服务器端的 app.js
8     global.Vue = require('vue')
9
10    //获取 HTML 布局
11    var layout = fs.readFileSync('./index.html', 'utf-8')
12
13    //创建一个渲染器
```

```
14   var renderer = require('vue-server-renderer').createRenderer()
15
16   //创建一个 Express 服务器
17   var express = require('express')
18   var server = express()
19
20   //部署静态文件夹为 "assets"文件夹
21   server.use('/assets', express.static(
22     path.resolve(__dirname, 'assets')
23   ))
24
25   //处理所有 Get 请求
26   server.get('*', function (request, response) {
27     //渲染 Vue 应用为一个字符串
28     renderer.renderToString(
29       //创建一个应用实例
30       require('./assets/app')(),
31       //处理渲染结果
32       function (error, html) {
33         //如果渲染时发生错误
34         if(error) {
35           //打印错误到控制台
36           console.error(error)
37           //告诉客户端错误
38           return response
39             .status(500)
40             .send('Server Error')
41         }
42         //发送布局和 HTML 文件
43         response.send(layout.replace('<div id="app"></div>', html))
44       }
45     )
46   })
47
48   //监听 5000 端口
49   server.listen(5000, function (error) {
50     if(error) throw error
51     console.log('Server is running at localhost:5000')
52   })
```

这样就完成了整个案例。一旦它在本地运行，可以通过在页面右击并选择【检查】选项，确认服务器端渲染是否运行了。可以在 body 中看到：

```
1      <div id="app" server-rendered="true">You have been here for 0 seconds
       </div>
```

上述代码实际是在如下位置放置了服务器端渲染的结果：

```
1      <div id="app"></div>
```

本章小结

本章主要讲解了服务器端渲染的概念及使用、客户端渲染和服务器端渲染的区别等。在讲解了服务器端渲染的基本知识后,通过案例的形式讲解了如何手动搭建服务器端渲染项目。读者应重点理解服务器端渲染的概念,理解服务器端渲染的优缺点,并能够利用服务器端渲染技术实现项目开发中的需求。

经典面试题

1. 什么是服务器端渲染？
2. 服务器端渲染的优势和劣势是什么？
3. 简述服务器端渲染的代码逻辑和处理步骤。
4. 简述 Nuxt.js 中声明式路由和编程式路由的区别。
5. 在进行服务器端渲染时,为什么要使用缓存策略？

上机练习

1. 基于 Nuxt.js 开发一个 Vue 程序,实现登录和注册功能的切换。
2. 搭建一个基于 Node.js 的服务器端,并使用 Express 框架实现前后台的通信。

第 10 章　信创静态资源服务器

服务器端部署是大前端开发的最后一环,服务器现阶段分为应用服务器(Java)及静态资源服务器两种,其中,符合信创标准的应用服务器主要有 TongWeb、金蝶中间件等,静态资源服务器主要是以 Nginx 为基础的 Tengine 服务器,对于 Vue 这种前端项目而言,最常打交道的就是 Tengine 服务器。本章将从基础环境搭建开始带领读者将前面章节中介绍的 Vue 代码部署到对应的服务器,并根据要求进行配置。

静态资源服务器的部署是大前端开发中开发者必须掌握的一项技能,相关开发完成后,经过服务器端渲染形成的成果需要部署到生产环境下的静态资源服务器中,才能向外部用户提供服务。

本章要点

- 了解 Tengine 服务器
- 掌握静态资源服务器的相关概念
- 掌握 C10K 问题的缘由及解决思路
- 掌握 Tengine 服务器的部署流程
- 掌握 TongWeb 服务器的部署流程

励志小贴士

在这个浮躁的社会里,有太多的人渴望成功。他们渴望与成功人士一样,有着名与利,但是他们是否扪心自问过,他们自己有没有真心付出过,有没有自己去努力、去奋斗过? 也许他们把成功想得太过于简单了,成功难道就是那么容易的吗? 难道就是一蹴而就的吗?

10.1　Tengine 服务器基础

◆ 10.1.1　Tengine 概述

　　Tengine 是由淘宝网发起的 Web 服务器项目,它在 Nginx 的基础上针对大访问量网站的需求添加了很多高级功能和特性。Tengine 的性能和稳定性已经在大型的网站(如淘宝网、天猫商城等)得到了很好的检验。Tengine 的最终目标是打造一个高效、稳定、安全、易用的 Web 平台。

　　Tengine 平台完全由国内相关公司基于源代码进行二次开发和扩展,因此平台安全性得到了进一步的提升,有助于国家信息安全的建设(图 10-1)。

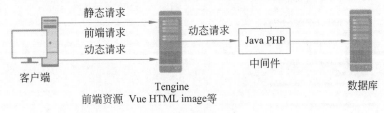

图 10-1　Tengine 服务器在项目中的地位

Tengine 的功能特点:

- 继承 Nginx-1.x 的所有特性,兼容 Nginx 的配置(最新版为 1.8.0);
- 支持动态模块加载(DSO),加入一个模块不再需要重新编译整个 Tengine;
- 支持 SO_REUSEPORT 选项,建连性能提升为官方 Nginx 的 3 倍;
- 支持 SPDY v3 协议,自动检测同一端口的 SPDY 请求和 HTTP 请求;
- 支持流式上传到 HTTP 后端服务器或 FastCGI 服务器,大量减少机器的 I/O 压力;
- 支持更加强大的负载均衡能力,包括一致性 hash 模块、会话保持模块,还可以对后端服务器进行主动健康检查,根据服务器状态自动上线/下线,以及动态解析 upstream 中出现的域名;
- 支持输入过滤器机制,通过使用这种机制,Web 应用防火墙的编写将更为方便;
- 支持设置 proxy、memcached、fastcgi、scgi、uwsgi 在后端失败时的重试次数;
- 支持动态脚本语言 Lua,扩展功能非常高效简单;
- 支持管道(pipe)和 syslog(本地和远端)形式的日志以及日志抽样;
- 支持按指定关键字(域名、URL 等)收集 Tengine 运行状态;
- 支持组合多个 CSS、JavaScript 文件的访问请求为一个请求;
- 支持自动去除空白字符和注释,从而减小页面的体积;
- 支持自动根据 CPU 数量设置进程个数和绑定 CPU 亲缘性;
- 支持监控系统的负载和资源占用,从而对系统进行保护;
- 支持显示对运维人员更友好的出错信息,便于定位出错机器;

- 支持更强大的访问速度限制模块；
- 支持更方便的命令行参数，如列出编译的模块列表和支持的指令等；
- 支持根据访问文件类型设置过期时间。

10.1.2 Tengine 下载及安装

Tengine 的下载地址为 http://tengine.taobao.org/download_cn.html，如图 10-2 所示。

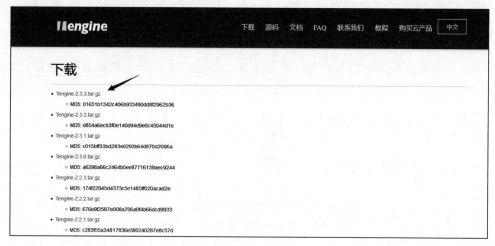

图 10-2　下载界面

编译和安装 Tengine 时，Tengine 默认安装在/usr/local/nginx 目录，也可以用"--prefix"指定安装目录，如图 10-3 所示。

```
[root@ecs-92288-0001 ~]# nginx -v
Tengine version: Tengine/2.3.3
nginx version: nginx/1.18.0
```

图 10-3　安装成功后进行版本测试

```
$ ./configure          //下载上传至 Linux 文件夹后解压缩，并进入 configure 目录
$ make                 //调用 make 命令
$ sudo make install    //以管理员身份运行 install 脚本
```

Tengine 的大部分选项与 Nginx 是兼容的。下面列出 Tengine 的特有选项。如果想查看 Tengine 支持的所有选项，则可以运行"./configure --help"命令以获取帮助(表 10-1)。

表 10-1　configure 脚本参数

参　　数	说　　明
--dso-path	设置 DSO 模块的安装路径
--dso-tool-path	设置 dso_tool 脚本的安装路径
--without-dso	关闭动态加载模块的功能

续表

参　　数	说　　明
--with-jemalloc	让 Tengine 链接 jemalloc 库,运行时用 jemalloc 分配和释放内存
--with-jemalloc＝path	设置 jemalloc 库的源代码路径,Tengine 可以静态编译和链接该库

10.2 静态资源服务器基本概念

10.2.1 Tengine 服务器的基本架构及工作特点

众所周知,Tengine 的高性能与其架构是分不开的。

Tengine 在启动后,在 Linux 系统中会以 daemon 的方式在后台运行,后台进程包含一个 master 进程和多个 worker 进程。也可以手动关闭后台模式,让 Tengine 在前台运行,并且通过配置让 Tengine 取消 master 进程,从而使 Tengine 以单进程方式运行。很显然,生产环境下肯定不会这么做,所以关闭后台模式一般是用来调试的,后面的章节会详细讲解如何调试 Tengine。所以,Tengine 是以多进程方式工作的,当然,Tengine 也是支持多线程方式的,只是主流方式仍是多进程方式,这也是 Tengine 的默认方式。Tengine 采用多进程方式有诸多好处,下面主要讲解 Tengine 的多进程方式。

master 进程主要用来管理 worker 进程,包括接收来自外界的信号,向各 worker 进程发送信号,监控 worker 进程的运行状态,当 worker 进程退出后(异常情况下)自动重新启动新的 worker 进程。而基本的网络事件则是放在 worker 进程中处理。多个 worker 进程之间是对等的,它们同等竞争来自客户端的请求,各进程互相之间是独立的。一个请求只可能在一个 worker 进程中被处理,一个 worker 进程不可能处理其他进程的请求。worker 进程的个数是可以设置的,一般会设置为机器 CPU 的核数,原因与 Tengine 的进程模型以及事件处理模型是分不开的。Tengine 的进程模型如图 10-4 所示。

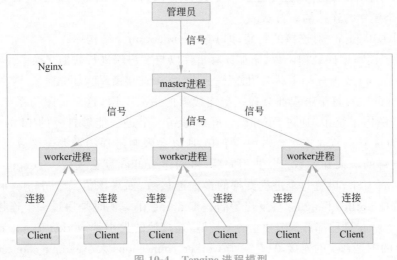

图 10-4　Tengine 进程模型

10.2.2 Tengine 基础概念

1. connection

在 Tengine 中,connection 是对 TCP 连接的封装,其中包括连接的 socket、读事件、写事件。利用 Tengine 封装的 connection 可以很方便地使用 Tengine 处理与连接相关的事情,例如建立连接、发送与接收数据等。而 Tengine 中的 HTTP 请求处理就是建立在 connection 之上的,所以 Tengine 不仅可以作为一个 Web 服务器,也可以作为邮件服务器。当然,利用 Tengine 提供的 connection 还可以与任何后端服务打交道。

如图 10-5 所示,结合一个 TCP 连接的生命周期看看 Tengine 是如何处理一个连接的:

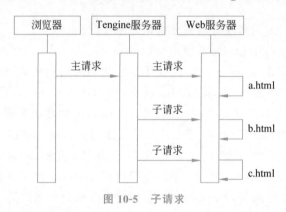

图 10-5 子请求

(1) Tengine 在启动时解析配置文件,得到需要监听的端口与 IP 地址;

(2) 在 Tengine 的 master 进程中初始化监控的 socket(创建 socket,设置 addrreuse 等选项,绑定到指定的 IP 地址端口后再监听);

(3) fork 出多个子进程;

(4) 子进程会竞争 accept 新的连接;此时,客户端就可以向 Tengine 发起连接了;当客户端与服务器端通过三次握手建立一个连接后,Tengine 的某一个子进程会 accept 成功,得到这个建立的连接的 socket;

(5) 创建 Tengine 对连接的封装,即 ngx_connection_t 结构体;

(6) 设置读写事件处理函数,添加读写事件以与客户端进行数据交换;

(7) Tengine 或客户端主动关闭连接,到此,一个连接就结束了。

在 Tengine 中,每个进程都会有一个连接数的最大上限,这个上限与系统对 fd 的限制不同。在操作系统中,通过 ulimit -n 可以得到一个进程能够打开的 fd 的最大数,即 nofile。因为每个 socket 连接会占用一个 fd,所以会限制进程的最大连接数,也会直接影响程序能支持的最大并发数,当 fd 用完后,再创建 socket 就会失败。Tengine 通过设置 worker_connections 设置每个进程支持的最大连接数,如果该值大于 nofile,那么实际的最大连接数是 nofile,Tengine 会发出警告。Tengine 在实现时是通过一个连接池进行管理的,每个 worker 进程都有一个独立的连接池,连接池的大小是 worker_connections。连接池里面保存的不是真实的连接,只是一个 worker_connections 大小的 ngx_connection_t 结构的数组。并且,Tengine 会通过一个链表 free_connections 保存所有的空闲 ngx_connection_t,
每获取一个连接时,Tengine 就会从空闲链表中获取一个 ngx_connection_t,用完后再放
回空闲链表里面。

2. request

request 在 Tengine 中指的是 HTTP 请求,具体到 Tengine 中的数据结构是 ngx_
http_request_t。ngx_http_request_t 是对一个 HTTP 请求的封装。一个 HTTP 请求包
含请求行、请求头、请求体、响应行、响应头、响应体。

HTTP 请求是典型的请求-响应类型的网络协议,而 HTTP 是文件协议,所以在分析
请求行与请求头,以及输出响应行与响应头时,往往是一行一行地进行处理。如果写一个
HTTP 服务器,通常在建立一个连接后,客户端会发送请求过来,然后读取一行数据,分
析出请求行中包含的 method、uri、http_version 信息,再一行一行地处理请求头,并根据
请求 method 与请求头的信息决定是否有请求体以及请求体的长度,接着读取请求体;得
到请求后,处理请求以产生需要输出的数据,然后生成响应行、响应头以及响应体;在将响
应发送给客户端之后,一个完整的请求就处理完成了。当然,这是最简单的 WebServer 的
处理方式,其实 Tengine 也是这样做的,只有一些小小的区别,例如,当请求头读取完成
后,Tengine 就开始进行请求的处理了。Tengine 通过 ngx_http_request_t 保存解析请求
与输出响应相关的数据。

接下来简要讲解 Tengine 是如何处理一个完整的请求的(图 10-6)。对于 Tengine 来
说,一个请求是从 ngx_http_init_request 开始的,在这个函数中,会设置读事件为 ngx_
http_process_request_line,也就是说,接下来的网络事件会由 ngx_http_process_request_
line 执行。从 ngx_http_process_request_line 的函数名可以看出,这就是处理请求行的,
正好与之前讲的处理请求的第一件事(处理请求行)是一致的。通过 ngx_http_read_
request_header 读取请求数据,然后调用 ngx_http_parse_request_line 函数解析请求行。
Tengine 为提高效率而采用状态机解析请求行,而且在进行 method 的比较时没有直接使
用字符串比较,而是将 4 个字符转换为一个整型,然后一次性比较以减少 CPU 的指令数。
很多人可能很清楚一个请求行包含请求的方法、URI、版本,却不知道其实在请求行中也
是可以包含 host 的。例如一个请求 GET 的 http://www.taobao.com/uri HTTP/1.0 这
样一个请求行也是合法的,而且 host 是 www.taobao.com,这时,Tengine 会忽略请求头中
的 host 域,而以请求行中的这个域为准查找虚拟主机。另外,HTTP 0.9 版是不支持请求
头的,所以这里也要进行特别处理。在后面解析请求头时,协议版本都是 1.0 或 1.1。整
个请求行解析到的参数会保存到 ngx_http_request_t 结构中。

3. keepalive

在 Tengine 中,HTTP 1.0 与 HTTP 1.1 也是支持长连接的。什么是长连接呢? 我们
知道,HTTP 请求是基于 TCP 的,那么,客户端在发起请求前,需要先与服务器端建立
TCP 连接,而每次的 TCP 连接是需要三次握手确定的,如果客户端与服务器端之间的网
络状态差一点,那么这三次交互花费的时间会比较多,而且三次交互也会带来网络流量
(图 10-7)。

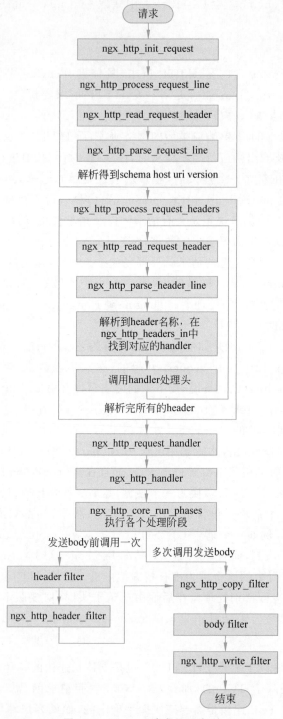

图 10-6　Request 请求处理序列

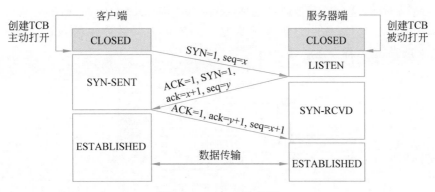

图 10-7　TCP 三次握手

　　当连接断开后,还会有四次的交互,这对用户体验来说就不重要了。而 HTTP 请求是请求应答式的,如果能知道每个请求头与响应体的长度,那么就可以在一个连接上执行多个请求,这就是所谓的长连接,但前提条件是先要确定请求头与响应体的长度。对于请求来说,如果当前请求需要有 body,如 POST 请求,那么 Tengine 就需要客户端在请求头中指定 content-length 以表明 body 的大小,否则会返回 400 错误。也就是说,请求体的长度是确定的(图 10-8)。

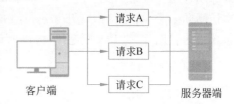

图 10-8　HTTP 1.1 请求传输方式

　　(1) 对于 HTTP 1.0 来说,如果响应头中有 content-length 头,则通过 content-length 的长度就可以知道 body 的长度了,客户端在接收 body 时,就可以依照这个长度接收数据,接收后,就表示这个请求完成了。而如果没有 content-length 头,则客户端会一直接收数据,直到服务器端主动断开连接,才表示 body 接收完成了。

　　(2) 对于 HTTP 1.1 来说,如果响应头中的 Transfer-encoding 为 chunked 传输,则表示 body 是流式输出,body 会被分成多个块,每块的开始会标识出当前块的长度,此时,body 不需要通过长度指定。如果是非 chunked 传输且有 content-length,则按照 content-length 接收数据。如果是非 chunked 传输且没有 content-length,则客户端接收数据,直到服务器端主动断开连接。

　　可以看到,除了 HTTP 1.0 不带 content-length 以及 HTTP 1.1 非 chunked 不带 content-length 外,body 的长度都是可知的。此时,当服务器端输出 body 后,可以考虑使用长连接(图 10-9)。能否使用长连接也是有条件限制的。如果客户端的请求头中的 connection 为 close,则表示客户端需要关闭长连接,如果为 keep-alive,则客户端需要打开长连接,如果客户端的请求中没有 connection 这个头,那么根据协议,如果是 HTTP 1.0,则默认为 close,如果是 HTTP 1.1,则默认为 keep-alive。如果结果为 keepalive,那么 Tengine 在输出完响应体后,会设置当前连接的 keepalive 属性,然后等待客户端的下一次请求。当然,Tengine 不可能一直等待下去,如果客户端一直不发数据过来,岂不是会一直占用这个连接? 所以,当 Tengine 设置了 keepalive 等待下一次的请求时,同时会设置一个最大等待时间,这个时间是通过选项 keepalive_timeout 配置的,如果配置为 0,则表示关闭 keepalive,此时,HTTP 版本无论是 1.1 还是 1.0,客户端的 connection 无论是 close 还是 keepalive,都会强制为 close。

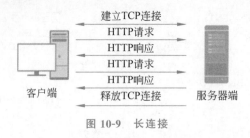

图 10-9　长连接

如果服务器端最后的决定是打开 keepalive,那么在响应的 HTTP 头里面也会包含 connection 头域,其值是 Keep-Alive,否则是 Close。如果 connection 的值为 close,那么 Tengine 在响应完数据后会主动关闭连接。所以,对于请求量较大的 Tengine 来说,关闭 keepalive 会产生较多的 time-wait 状态的 socket。一般来说,当客户端的一次访问需要多次访问同一个 server 时,打开 keepalive 的优势非常大,例如图片服务器,通常一个网页会包含很多张图片,打开 keepalive 可以大量减少 time-wait 的数量。

4. pipe

HTTP 1.1 引入了一种新的特性,即 pipeline(流水线作业),它可以看作 keepalive 的一种升华,pipeline 也是基于长连接的,目的是利用一个连接进行多次请求。如果客户端要提交多个请求,对于 keepalive 来说,那么第二个请求必须等到第一个请求的响应接收完全后才能发起,这和 TCP 的停止等待协议是一样的,得到两个响应的时间至少为 $2 \times$ RTT。而对 pipeline 来说,客户端不必等到第一个请求处理完成即可马上发起第二个请求。得到两个响应的时间能够达到 $1 \times$ RTT。Tengine 是直接支持 pipeline 的,但是 Tengine 对 pipeline 中的多个请求的处理却不是并行的,依然是一个请求接一个请求地处理,只是在处理第一个请求时,客户端就可以发起第二个请求。这样,Tengine 利用 pipeline 减少了处理完一个请求后等待第二个请求的请求头数据的时间。其实,Tengine 的做法很简单,前面说到,Tengine 在读取数据时会将读取的数据放到一个 buffer 里面,所以,如果 Tengine 在处理完前一个请求后发现 buffer 里面还有数据,就认为剩下的数据是下一个请求的开始,然后就开始处理下一个请求,否则设置 keepalive。

5. lingering_close

lingering_close 的字面意思是延迟关闭,也就是说,当 Tengine 要关闭连接时,并非立即关闭连接,而是先关闭 TCP 连接的写,等待一段时间后再关闭 TCP 连接的读。为什么要这样呢?先来看这样一个场景:Tengine 在接收客户端的请求时,可能由于客户端或服务器端出错而要立即响应错误信息给客户端,而 Tengine 在响应错误信息后,大部分情况下需要关闭当前连接。Tengine 执行 write() 系统调用后把错误信息发送给客户端,write() 系统调用返回成功并不表示数据已经发送到客户端,有可能还在 TCP 连接的 write buffer 中。接着,如果直接执行 close() 系统调用关闭 TCP 连接,则内核会首先检查 TCP

的 read buffer 中有没有客户端发送过来的数据留在内核态而没有被用户态进程读取,如果有,则给客户端发送 RST 报文以关闭 TCP 连接,丢弃 write buffer 中的数据,否则等待 write buffer 中的数据发送完毕,然后经过正常的 4 次分手报文断开连接。所以,当在某些场景下出现 tcp write buffer 中的数据在从 write()系统调用之后到 close()系统调用执行之前没有发送完毕的情况,且 tcp read buffer 中还有数据没有读,则 close()系统调用会导致客户端收到 RST 报文且不会拿到服务器端发送过来的错误信息数据。那么客户端肯定就会想,这个服务器端好"霸道",动不动就 reset 我的连接,连个错误信息都没有。

　　在上面这个场景中,可以看到,关键点是服务器端给客户端发送了 RST 包,导致自己发送的数据在客户端被忽略了。所以,解决问题的重点是让服务器端不要发送 RST 包。再想想,发送 RST 包是因为关闭了连接,关闭连接是因为不想再处理此连接了,也不会有任何数据产生了。对于全双工的 TCP 连接来说,只需要关闭写就行了,读可以继续进行,只需要丢掉读到的任何数据就行了,这样的话,当关闭连接后,客户端再发过来的数据就不会再收到 RST 包了。当然,最终还是需要关闭这个读端的,所以会设置一个超时时间,在这个时间过后就关闭读,客户端再发送数据来就不管了,服务器端会认为:都这么长时间了,发给你的错误信息也应该读到了,再慢就不关我的事了。当然,正常的客户端在读取到数据后会关闭连接,此时服务器端就会在超时时间内关闭读端,这些正是 lingering_close 所做的事情。协议栈提供 SO_LINGER 这个选项,它的一种配置就是处理 lingering_close 的情况,不过 Tengine 是自己实现 lingering_close 的。lingering_close 存在的意义就是读取剩下的客户端发来的数据,所以 Tengine 会有一个读超时时间,通过 lingering_timeout 选项设置,如果在 lingering_timeout 时间内还没有收到数据,则直接关闭连接。Tengine 还支持设置一个总读取时间,通过 lingering_time 设置,这个时间也就是 Tengine 在关闭写之后保留 socket 的时间,客户端需要在这个时间内发送完所有数据,否则 Tengine 会在这个时间过后直接关闭连接。当然,Tengine 是支持配置是否打开 lingering_close 选项的,通过 lingering_close 选项配置。那么,在实际应用中是否应该打开 lingering_close 呢?这个就没有固定的推荐值了,lingering_close 的主要作用是保持更好的客户端兼容性,但是却需要消耗更多的额外资源(例如连接会一直占用 CPU 资源)。

10.3　Tengine 服务器的部署

10.3.1　Tengine 平台初始化

　　(1) 添加一个启动脚本,如果不配置启动脚本,则可以到安装目录下启动。

　　注意:该脚本在平台安装时会自动建立,自动将其复制到/etc/inti.d/目录中,文件名为 nginx,打开后可以看到其中的脚本内容(图 10-10)。

　　(2) 添加服务项,命令如下。

```
chkconfig --add nginx
chkconfig --list
```

```
[root@ecs-92288-0001 init.d]# ll
total 80
-rwxr-xr-x  1 root root 10438 Aug  8 15:48 bt
-rw-r--r--  1 root root 18434 Feb 15  2021 functions
-r-x------  1 root root  8134 Aug 11 11:30 hostguard
-rwxr-xr-x  1 root root  6029 Jul  8 11:49 multi-queue-hw
-rwxr-xr-x  1 root root 12358 Aug  8 16:33 mysqld
-rwxr-xr-x  1 root root  2753 Dec  6  2018 nginx
-rwxr-xr-x  1 root root  2405 Jun 11 10:56 php-fpm-74
-rw-r--r--. 1 root root  1161 Dec 22  2021 README
-rwxr-xr-x  1 root root  2150 Aug 19  2021 redis
[root@ecs-92288-0001 init.d]#
```

图 10-10　服务启动脚本

（3）加入开机启动，命令如下。

```
chkconfig nginx on
```

注意：此时可以使用 service nginx start 启动。

（4）配置文件修改（nginx.conf 文件）。

文件所在位置：[tengine 安装目录]\conf\nginx.conf。

进行 Server 段的配置，具体代码如下：

```
1    server {
2        listen 80;
3        server_name 192.168.2.1;        #以 IP 形式进行访问
4        #server_name www.hostname.com;   #以域名方式进行访问
5        location / {                     #配置网站根目录
6            root /isoft91;               #根目录在硬盘上的位置
7            index index.html;            #网站默认首页名称
8        }
9    }
```

（5）将项目文件部署至指定目录，重启服务器后测试访问效果（图 10-11 至图 10-13）。

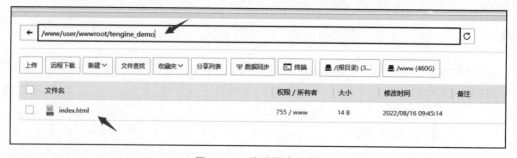

图 10-11　前端脚本位置

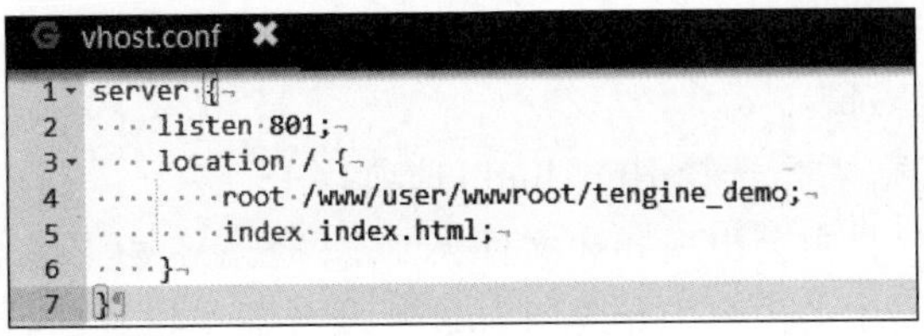

图 10-12 配置文件内容

hello

图 10-13 平台访问效果

（6）将 Vue 项目进行打包操作，形成 dist 文件夹（图 10-14）。

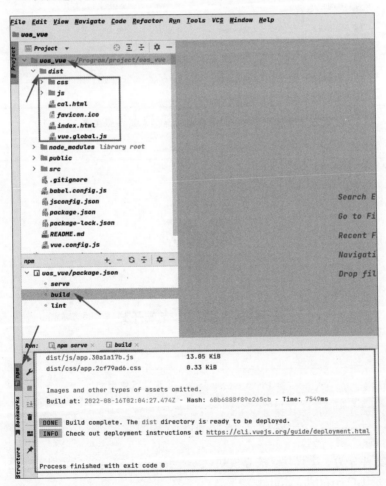

图 10-14 使用 webstorm 进行前端项目打包

① 选中项目。

② 打开 npm 工具列表。

③ 选择 build 选项,右击选择 Run 'build'选项。

④ 执行完毕后,项目中会出现 dist 文件夹。

(7) 将 dist 文件夹中的内容上传至 Tengine 服务器中设置的目录,查看最终的结果(图 10-15 和图 10-16)。

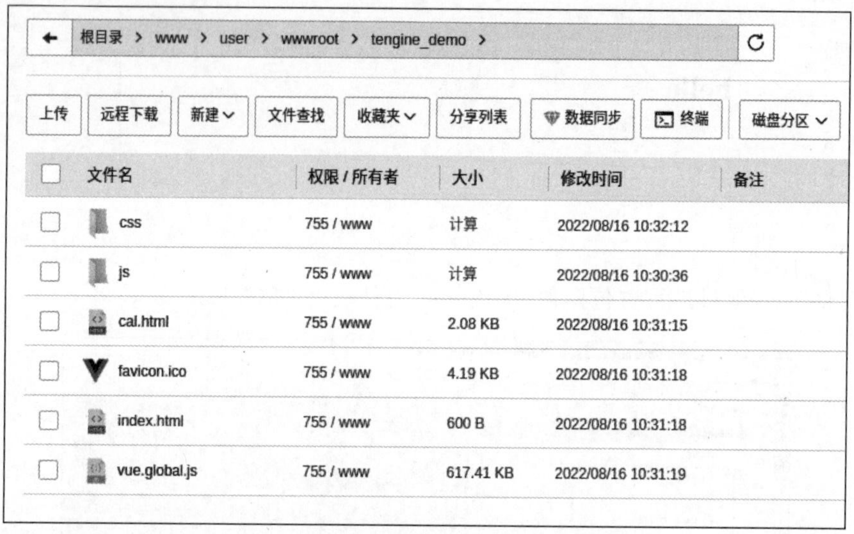

图 10-15　将编译结果上传至静态资源服务器

图 10-16　在服务器上检查运行结果

10.3.2　Tengine 主配置文件说明

主配置文件分为 3 个模块:核心模块(CoreModule)、事件驱动模块(EventsModule)、HTTP 内核模块(HttpCoreModule)。

1）核心模块（CoreModule）

```
1    user wwwuser;                               #运行 Tengine 的用户
2    worker_processes 1;                         #启动的进程数
3    error_log /var/log/nginx/error.log warn;    #错误日志存放位置的通知
4    pid /var/run/nginx.pid;                      #pid 存放位置
```

2）事件驱动模块（EventsModule）

```
1    events {                                     #事件模块
2      worker_connections 1024;                   #每个进程允许的最大连接数
3      accept_mutex on;                           #防止浪费进程资源
4      multi_accept off;                          #一个进程连接能否有多个网络连接
5      client_header_buffer_size 4k;              #请求头部大小
6      open_file_cache max=2000 inactive=60s;     #最大缓存数和最长缓存时间
7      open_file_cache_valid 60s;                 #检查缓存时间
8      open_file_cache_min_uses 1                 #缓存最少使用次数
9    }
```

（1）accept_mutex：当有请求进入服务器端时，accept_mutex 会防止所有休眠中的进程被唤醒。

（2）multi_accept：通过 multi_accept 设置一个进程是否可以同时接收多个网络连接，通常默认为关闭。

（3）client_header_buffer_size：用来设置服务器端要求的请求头部大小。

（4）open_file_cache：是关于缓存的配置，其中，max 表示最大缓存数，inactive 表示多长时间内资源没有被调用就删除，valid 表示多长时间检查一次缓存。

3）HTTP 内核模块（HttpCoreModule）

```
1     http {
2     include /etc/nginx/mime.types;                          #包含文件关联程序
3     default_type application/octet-stream;                  #默认处理信息方式,字节流
4     log_format main '$remote_addr - $remote_user [$time_local] "$request" '
      '$status $body_bytes_sent "$http_referer" ' '"$http_user_agent" "$http_x_
      forwarded_for"';                                        #日志格式
5     access_log /var/log/nginx/access.log main;              #成功访问日志
6     sendfile on;                                            #优化参数,高效传输文件模式
7     #tcp_nopush on;                                         #优化参数,避免网络阻塞
8     keepalive_timeout 65;                                   #优化参数,长连接
9     #gzip on;                                               #解压参数
10    include /etc/nginx/conf.d/*.conf;                       #包含子配置的文件夹
11    }
```

（1）include：表示包含，后面是一个文件路径，代表这里包含这个文件的内容。

（2）default_type：表示默认的处理信息方式，通常是字节流。

（3）log_format main：是指日志格式，也就是 Tengine 写日志的格式，可以进行合理修改。

（4）access_log：是指成功访问的日志，后面是存放它的路径。

本章小结

本章主要讲解了静态资源服务器 Tengine 的使用，包括平台的安装调试以及前端项目的部署等。在讲解 Tengine 的基本知识后，通过案例讲解了如何手动搭建 Tengine 服务器并部署 Vue 项目。读者应重点理解 Tengine 服务器的相关概念及其优缺点，能够利用 Tengine 服务器解决 C10K 问题。

经典面试题

1. 什么是 Tengine 服务器？其主要作用是什么？
2. 什么是长连接？
3. host 配置中，如何使用端口进行区分？
4. Tengine 与 Nginx 的联系是什么？

上机练习

1. 部署一个 Tengine 服务器并调试测试页面。
2. 搭建一个基于 Node.js 的项目，并将其部署至 Tengine 服务器。

第 11 章　综合项目——构建电商后台管理系统

　　经过前面的深入学习，相信读者已经熟练掌握 Vue 中各种功能的使用了，本章将进入综合项目实战阶段，主要运用 Vue3、ElementPlus、vue-router、vuex、axios 等前端库和插件，配合 mock.js 模拟后端数据，完成电商后台管理系统的制作。考虑到篇幅有限，本章仅介绍项目的一些关键开发思路和部分功能实现。本书的配套资源提供完整的项目源代码和开发文档，可供读者自主学习。

本章要点

- 了解 Vue3 项目的整体结构
- 掌握 vuex、vue-router 等核心技术
- 掌握 axios 的使用
- 掌握 ElementPlus、Echart 等前端框架的使用

励志小贴士

　　在忙碌的工作学习之外，记得培养一个属于自己的兴趣爱好，例如听音乐、读书、做饭。有益的兴趣爱好是忙时的慰藉，也是闲时的充实，能让快乐加倍，让生活多一种可能。

11.1 开发准备

本项目是使用 Vue3 开发的后台管理系统模板。页面简单大方,将菜单栏、顶部面包屑、中间操作区域等合理划分,功能丰富。路由采用动态路由,依托 mock.js 模拟后端数据,拥有强大的权限管理功能。该系统有登录页、后台首页、用户管理页等,可以进行分页处理,实现对用户进行增删改查的功能。除此之外,还使用 Echarts 图表使后台数据的呈现更加具体直观。

◀ 11.1.1 项目展示

这里仅展示前台的部分页面效果,如图 11-1 至图 11-5 所示。

图 11-1 登录页

图 11-2 首页

图 11-3 用户管理页

图 11-4 新增用户表单页

图 11-5 tag 标签

11.1.2 技术方案

本书在配套源代码中提供了已经开发完成的项目,包括 mock 模拟的数据。具体技术方案如下。

本项目使用前面章节讲解过的一些前端技术,用来增强项目的功能,具体如下。

- 使用 Vue3 作为前端开发框架
- 使用 vite 快速构建项目
- 使用 ElementPlus 样式库编写页面样式

- 使用 axios 进行二次封装
- 使用 vue-router 实现前端路由的定义及跳转、参数的传递等
- 使用 vuex 进行数据状态管理
- 使用 mock 模拟后端数据
- 使用 Echart 图表直观展示后台数据

本项目使用 mock.js 模拟后端数据，可以让前端独立于后端进行开发。当后端接口数据没有出来时，前端可以 mock 假数据以模拟开发。mock.js 可以拦截 axios 请求，重指向并返回定义的模板数据。

11.1.3 项目开发流程

一个项目或者产品从开始开发到上线都要遵循软件开发生命周期的开发流程，这样有利于团队的协作，能够按部就班地完成。一般情况下，一个项目或产品的开发流程如下。

1）产品创意

结合公司的发展方向及战略目标，提出产品创意。简而言之，就是要做一个什么产品（What）、为什么要做这个产品（Why），要解决 What 和 Why 的问题。

2）产品原型

产品原型的设计包括功能和页面，最重要的是用户体验，通常由产品经理完成。

3）美工设计

美工设计人员根据产品经理提供的原型图实现符合原型与大众审美的设计图稿，并进行切图。

4）前端实现

前端开发工程师拿到美工设计好的图稿，负责具体的 HTML、CSS 静态页面的实现，以及动态特效、动态数据的绑定和交互的实现。

5）后端实现

后端开发工程师实现数据处理、业务逻辑代码。

6）测试、试运行和上线

由测试人员进行项目测试。将所有的问题都解决后，就可以试运行，将项目上线。

在上述 6 个步骤中，前端工程师主要专注第 4 步的前端代码实现，对于其他步骤简单了解即可。

11.2 项目搭建

11.2.1 使用 vite 构建 Vue3 项目

vite 是一个基于 Vue3 单文件组件的非打包开发服务器，它做到了本地快速开发启动——快速冷启动，不需要等待打包操作；即时热模块更新；真正按需编译，不再等待整个应用编译完成；这是一个巨大的改变。

首先初始化项目，使用命令行工具，进入 chapter11 目录创建项目，命令如下：

```
1    npm init vite@latest
```

然后输入项目名称,执行上述命令后,会让用户选择预设。选择 Vue 选项并按 Enter 键,选择 JavaScript 选项并按 Enter 键,然后到该项目目录下安装依赖,命令如下:

```
1    npm install
```

项目创建完成后,使用如下命令启动项目:

```
1    npm dev
```

11.2.2　配置 Element Plus

引入 Element Plus 有三种方式,分别是全部引入、按需引入和手动引入,下面对它们的使用方式分别进行讲解。

1. 全部引入

首先在终端安装 ElementPlus,命令如下:

```
1    npm install element-plus --save
```

在 main.js 文件中引入 ElementPlus,代码如下:

```
1    import ElementPlus from 'element-plus'
2    import 'element-plus/dist/index.css'
3    const app=createApp(App)
4    app.use(VueElementPlus)
5    app.mount('#app')
```

2. 按需引入

首先在终端安装 ElementPlus,命令如下:

```
1    npm install element-plus --save
```

然后在终端安装导入组件的插件,命令如下:

```
1    npm install -D unplugin-vue-components unplugin-auto-import
```

在 vite.config.ts 文件中引入 ElementPlus,代码如下:

```
1    //引入部分
2    import AutoImport from 'unplugin-auto-import/vite'
```

```
3    import Components from 'unplugin-vue-components/vite'
4    import { ElementPlusResolver } from 'unplugin-vue-components/resolvers'
5    //plugins 数组部分加入
6     plugins: [
7      AutoImport({
8        resolvers: [ElementPlusResolver()],
9      }),
10      Components({
11        resolvers: [ElementPlusResolver()],
12      }),
13     ],
```

3. 手动引入

首先在终端安装 ElementPlus，命令如下：

```
1    npm install element-plus --save
```

在终端安装 ElementPlus，命令如下：

```
1    npm install unplugin-element-plus
```

在 vite.config.ts 文件中引入 ElementPlus，代码如下：

```
1    //引入部分
2    import ElementPlus from 'unplugin-element-plus/vite'
3    //plugins 数组部分加入
4    plugins: [ElementPlus()],
```

当页面中需要使用插件时，在使用 element 的组件里引入具体需要的插件即可，例如需要引入按钮插件，则需要执行这段代码：

```
1    <script>
2    import { ElButton } from 'element-plus'
3    export default defineComponent({
4        component:{ ElButton }
5    })
6    </script>
```

11.2.3 配置路由

使用 npm 方式为项目安装 vue-router，将路由文件夹 router 存放在 src 目录下。vue-router 的安装命令如下：

```
1    npm install vue-router --save
```

更改默认的 src\app.vue,更改后的代码如下:

```
1    <template>
2    <div id="app">
3    <router-view/>
4    </div>
5    </template>
6
7    <style>
8    </style>
```

删除默认 app.vue 中的样式内容,把 <div id="app"> 中的所有内容删除,改成 <router-view/> 标签,这样以后的页面信息都会通过路由机制投射到这个组件上。

创建 src\router\index.js,文件配置如下:

```
1    import {createRouter,createWebHashHistory} from 'vue-router'
2    const routes=[
3        {
4            path:'/',
5            redirect:'/home',
6            component:()=>import('../views/MainApp.vue'),
7            children:[
8                {
9                    path:'/home',
10                   nsme:'home',
11                   component:()=>import('../views/home/HomeApp.vue')
12               }
13           ]
14       }
15   ]
16   const router=createRouter({
17       history:createWebHashHistory(),
18       routes
19   })
20   export default router
```

需要在 src\main.js 入口文件中引入文件 src\router\index.js,并通过调用 app.use (router)确保整个应用支持路由,且可以在任意组件中以 this. $ router 的形式访问当前路由。具体代码如下:

```
1    import router from './router'
2    const app=createApp(App)
```

```
3    app.use(router)
4    app.mount('#app')
```

使用时,在具体的组件中需要导入路由,具体代码如下:

```
1    import {useRouter} from 'vue-router'
2    export default {
3      setup() {
4        let router=useRouter()
5          //下面可以配置方法进行路由跳转
6        }
7    }
```

11.2.4 配置 ElementPlus 图标

首先在终端安装 ElementPlus,命令如下:

```
1    npm install element-plus --save
```

在终端安装 ElementPlus,命令如下:

```
1    npm install @element-plus/icons-vue
```

需要在 src\main.js 入口文件中引入 ElementPlus,具体代码如下:

```
1    import * as ElementPlusIconsVue from '@element-plus/icons-vue'
2    const app =createApp(App)
3    for (const [key, component] of Object.entries(ElementPlusIconsVue)) {
4      app.component(key, component)
5    }
6    app.mount('#app')
```

引入 ElementPlus 图标有两种方式,分别是静态引入图标和动态引入图标,下面对它们的使用方式分别进行讲解。

1. 静态引入图标

直接单击想要的图标图案,就可以复制相关代码,代码如下:

```
1    //例如加号图标
2    <el-icon><Plus /></el-icon>
```

2. 动态引入图标

动态引入图标的代码如下:

```
1    <!--遍历菜单栏-->
2        <el-menu-item :index="item.path" v-for="item in
3    noChildren()" :key="item.path">
4            <!--根据遍历得到的item,动态引入图标 -->
5          <component class="icons" :is="item.icon"></component>
6        </el-menu-item>
```

 ## 11.2.5　引入 less

首先在终端引入 less,命令如下:

```
1    npm install less-loader less --save-dev
```

在 src/assets 中新建文件夹 less,然后在 less 文件夹中新建 reset.less 文件,这个是全局样式。在 less 文件夹中新建 index.less 文件,输入以下代码:

```
1    @import './reset.less'
```

在 main.js 中引入 index.js 文件,命令如下:

```
1    import './assets/less/index.less'
```

11.2.6　配置 vuex

使用 npm 方式为项目安装 vuex,安装命令如下:

```
1    npm install vuex --save
```

安装完成后,创建数据状态存储文件 src\store\index.js,文件配置如下:

```
1    import {createStore} from 'vuex'
2    export default createStore({
3      //其中配置数据方法等
4      state:{   //数据
5
6      },
7      mutations:{   //修改数据的方法
8
9      },
10   })
```

然后在 src\main.js 文件中引入 src\store\index.js 文件,并在 Vue 实例上进行注册,代码如下:

```
1    import store from './store/index.js'
2    const app=createApp(App)
3    app.use(store)
4    app.mount('#app')
```

使用 vuex 数据和方法时需要进行引入,具体代码如下:

```
1    <script>
2    import { useStore } from "vuex";
3    export default defineComponent ({
4      setup() {
5      //定义 store
6      let store =useStore();
7      function handleCollapse(){
8         //调用 vuex 中 mutations 中的 updateIsCollapse 方法
9          store.commit("updateIsCollapse")
10     }
11       return {
12          handleCollapse
13       };
14     },
15   });
16   </script>
```

11.2.7 配置 mock.js

使用 npm 方式在项目中使用命令安装,命令如下:

```
1    npm install mockjs  --save
```

安装完成后,新建文件 src/api/mockData/home.js(home.js 表示 home 组件的 mock 数据),文件配置如下:

```
1    export default{
2      getHomeData:()=>{      //导出 home 的数据
3        return {
4           code:200,
5           data:{
6           tableData :[
7              {
8                 name: "oppo",
9                 todayBuy: 500,
```

```
10              monthBuy: 3500,
11              totalBuy: 22000,
12            },
13            {
14              name: "vivo",
15              todayBuy: 300,
16              monthBuy: 2200,
17              totalBuy: 24000,
18            },
19            {
20              name: "苹果",
21              todayBuy: 800,
22              monthBuy: 4500,
23              totalBuy: 65000,
24            },
25            {
26              name: "小米",
27              todayBuy: 1200,
28              monthBuy: 6500,
29              totalBuy: 45000,
30            },
31            {
32              name: "三星",
33              todayBuy: 300,
34              monthBuy: 2000,
35              totalBuy: 34000,
36            },
37            {
38              name: "魅族",
39              todayBuy: 350,
40              monthBuy: 3000,
41              totalBuy: 22000,
42            },
43          ]
44        }
45      }
46    }
47  }
```

安装完成后,新建文件 src/api/mock.js,这个文件引入所有 mock 数据,并且全部导出。文件配置如下:

```
1   //导入 mockjs
2   import Mock from 'mockjs'
```

```
3    //导入home的数据
4    import homeApi from './mockData/home'
5    //拦截请求,两个参数,第一个参数是设置的拦截请求数据的路径,第二个参数是
6    //对应数据文件中该数据的方法
7    Mock.mock('/home/getData',homeApi.getHomeData)
```

在main.js文件中引入mock,文件配置如下:

```
1    import './api/mock.js'
```

配置好之后,就可以请求模拟数据了,可以在响应的组件上使用,具体代码如下:

```
1    //axios请求table列表的数据,并且将请求来的数据赋值给tableData
2    async function getTableList(){
3      await axios.get("/home/getData").then((res)=>{
4            tableData.value=res.data.data.tableData
5      })
6    }
7    onMounted(()=>{
8      //调用getTableList()方法
9      getTableList()
10   })
```

◆ 11.2.8　二次封装 axios

使用npm方式在项目中使用命令安装,命令如下:

```
1    npm install axios  --save
```

二次封装axios的原因是处理接口请求之前或之后的公共部分。
安装完成后,新建文件(环境配置文件)src/config/index.js,文件配置如下:

```
1    /**
2     * 环境配置文件
3     * 一般在企业级项目里面有三个环境
4     * 开发环境
5     * 测试环境
6     * 线上环境
7     */
8    //当前的环境赋值给变量env
9    const env =import.meta.env.MODE || 'prod'
10   const EnvConfig ={
11     //1.开发环境
```

```
12      development: {
13        baseApi: '/api',
14        //线上 mock 的根路径地址
15        mockApi:
16  'https://www.fastmock.site/mock/d32d92a0e177cd10b103d38a2b74d3ec/api',
17      },
18      //2.测试环境
19      test: {
20        baseApi: '//test.future.com/api',
21        mockApi:
22  'https://www.fastmock.site/mock/d32d92a0e177cd10b103d38a2b74d3ec/api',
23      },
24      //3.线上环境,企业才会用
25      pro: {
26        baseApi: '//future.com/api',
27        mockApi:
28  'https://www.fastmock.site/mock/d32d92a0e177cd10b103d38a2b74d3ec/api',
29      },
30  }
31  export default {
32      env,
33      //mock 的总开关,true 表示项目的所有接口调用的都是 mock 数据
34      mock: true,
35      ...EnvConfig[env]//结构
36  }
```

新建文件 src/api/request.js,文件配置如下:

```
1   import axios from 'axios'
2   import config from '../config'
3   //错误提示
4   import { ElMessage } from 'element-plus'
5   const NETWORK_ERROR = '网络请求异常,请稍后重试...'
6   //创建 axios 实例对象 service
7   const service = axios.create({
8       //根路径为 config 中 index.js 文件中的开发环境的 baseApi
9       baseURL:config.baseApi
10  })
11  //在请求之前做的一些事情,request
12  service.interceptors.request.use((req)=>{
13      //可以自定义 header
14      //jwt-token 认证的时候
15      return req//需要 return 出去,否则会阻塞程序
```

```
16      })
17      //在请求之后做的一些事情,response
18      service.interceptors.response.use((res)=>{
19          console.log(res)
20          //解构 res 的数据
21          const { code, data, msg } =res.data
22           //根据后端协商,视情况而定
23          if (code ==200) {
24          //返回请求的数据
25          return data
26        } else {
27          //网络请求错误
28          ElMessage.error(msg || NETWORK_ERROR)
29           //对响应错误做点什么
30          return Promise.reject(msg || NETWORK_ERROR)
31        }
32      })
33      //封装的核心函数
34      function request(options){
35          //默认为 get 请求
36          options.methods=options.methods || 'get'
37          if (options.method.toLowerCase() =='get') {
38              options.params =options.data
39            }
40                  //对 mock 的处理
41        let isMock =config.mock   //config 的 mock 总开关赋值给 isMock
42        if (typeof options.mock !=='undefined') { //若组件传来的 options.mock
43      //有值,则单独对 mock 定义开关
44          isMock =options.mock   //把 options.mock 的值赋给 isMock
45        }
46         //对线上环境做处理
47         if (config.env =='prod') {
48          //如果是线上环境,就不用 mock 环境,不给你用到 mock 的机会
49          service.defaults.baseURL =config.baseApi
50        } else {
51          //ismock 中开关是否为 true,若为真,则说明是 mock 环境,那么根路径就
52      //要是 mock 的根路径
53          service.defaults.baseURL =isMock ? config.mockApi : config.baseApi
54        }
55        return service(options)   //函数的返回值
56      }
57      export default request
```

新建文件 src/api/api.js,文件配置如下:

```
1    //整个项目 api 的管理
2    import request from "./request";
3    //导出
4    export default{
5        //home 组件左侧表格数据获取
6        getTableData(params){
7            //request 就是 request.js 文件中封装的核心函数,里面的对象就是
8    options 参数
9            return request({
10               url:'/home/getTableData',
11               method:'get',
12               data:params,//通过 getTableData(params)方法的形参传过来
13               mock:true
14           })
15       },
16   }
```

如果要进行 axios 请求数据,直接引入 api.js 即可。将 api.js 的方法挂载到全局,main.js 的文件配置如下:

```
1    import api from './api/api'              //引入 api.js
2    const app=createApp(App)
3    app.config.globalProperties.$api =api    //全局挂载,将 api 赋值给$api
4    app.mount('#app')
```

使用示例如下:

```
1    import { defineComponent ,getCurrentInstance,onMounted ,ref} from "vue";
2    export default defineComponent({
3      setup() {
4        //proxy 类似于 Vue2 的 this
5        const {proxy}=getCurrentInstance()
6        //左侧表格的 tableData 数据
7        let tableData =ref([])
8    //getTableList()这个方法里面使用了 api.js 中的 getTableData 方法请求
9    //table 中的数据
10     async function getTableList(){
11         let res=await proxy.$api.getTableData()    //通过 proxy 拿到 api 的请求
12     //数据的方法
13         tableData.value=res
14     }
15     onMounted(()=>{
16         //调用 getTableList()方法
17     getTableList()
```

```
18      })
19        },
20      });
21    </script>
```

11.2.9 目录结构

为了方便读者进行项目的搭建，下面介绍本项目的目录结构，如图 11-6 所示。

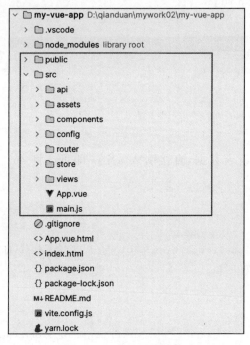

图 11-6 项目目录结构

- public：存放公共文件。
- src：源代码目录，保存开发人员编写的项目源码。
- src\api：存放模拟数据和拦截规则，以及整个项目 api 的管理。
- src\assets：资源文件目录，如图片、less 等。
- src\components：组件文件目录，由 CommonHeader、CommonAside、CommonTab 组成，分别表示顶部标签栏、左侧菜单栏、tag 标签。
- src\config：环境配置文件。
- src\router：路由文件。
- src\store：数据状态存储文件。
- src\views：用于存放路由组件，即与路由相关的组件。
- src\App.vue：项目的 Vue 根组件。
- src\main.js：项目的入口文件。

11.3 页面的布局结构

项目页面的结构由顶部标签栏、左侧菜单栏、tag 标签、模块页面区 4 部分组成。

11.3.1 顶部标签栏

顶部标签栏的大致效果如图 11-7 所示，主要由左侧的图标和右侧的个人头像组成，左侧引入图标，并且图标嵌套在 el-button 中。单击右侧的个人头像会出现下拉菜单，包括个人中心和退出。

图 11-7 顶部标签栏

在项目的 src/components 文件下创建 CommonHeader.vue(布局中的头部组件)文件，下面讲解文件中的主要代码。其中，个人头像的图片为动态引入，代码如下：

```
1   <img class="user" :src="getImageUrl('user')" alt="" />//src 前面加冒号，
2   //表示动态
3    //动态引入图片路径，参数为图片名字
4   function getImageUrl(user) {
5     return new URL(`../assets/images/${user}.jpg`, import.meta.url).href;
6     //../assets/images/${user}.jpg 是图片相对路径，import.meta.url 表示
7   //当前组件路径，两者进行拼接
8   }
9   return {
10     getImageUrl,
11   };
```

下拉菜单的实现使用 ElmentPlus 的 Dropdown 下拉菜单，代码如下：

```
1   <el-dropdown>
2     <span class="el-dropdown-link">
3       <img :src="getImageUrl('user')" alt="" class="user" />
4     </span>
5     <template #dropdown>
6       <el-dropdown-menu>
7        <el-dropdown-item>个人中心</el-dropdown-item>
8        <el-dropdown-item @click="handleLoginOut">退出
9   </el-dropdown-item>
10        </el-dropdown-menu>
```

```
11            </template>
12        </el-dropdown>
```

面包屑的实现使用 ElementPlus 的 Breadcrumb 面包屑。实现思路为：选择"用户管理"选项，首页显示用户管理，单击"页面 1"，首页出现页面 1。实现效果如图 11-8 所示。

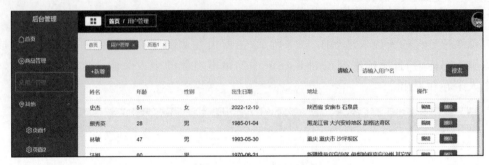

图 11-8　面包屑的实现效果

由于单击的是 commonAside 组件，而显示的面包屑出现在 commonHeader 组件，是跨组件间的通信，因此用 vuex 管理数据。

在 store/index.js 中输入如下代码：

```
1    import {createStore} from 'vuex'
2    export default createStore({
3        state:{
4         //当前菜单赋值为空
5         currentMenu:'',
6        },
7        mutations:{
8           //选择菜单,val 是 commonAside 组件传过来的当前单击的菜单值
9           selectMenu(state,val){
10          //判断:如果当前单击的菜单名为 home,则 home 就是首页,就让当前菜单
11  //currentMenu 还是赋值为空,否则让 currentMenu 赋值为当前菜单项 item
12      val.name=='home'?(state.currentMenu==null):(state.currentMenu==val)
13          }
14        },
15    })
```

在 commonAside 组件中通过 store 调用 selectMenu()方法，并传入当前的菜单项 item。代码如下：

```
1          //在单击菜单进行路由跳转时,调用 vuex 中的 selectMenu(),并传入
2        //当前的菜单项 item
3          //单击菜单进行路由跳转的方法
4          function clickMenu(item){
```

```
5          router.push({
6              name:item.name
7          })
8        //通过 vuex 管理路由跳转
9        store.commit('selectMenu',item)
10     }
```

在 commonHeader 组件中得到 vuex 的 currentMenu 数据。代码如下：

```
1        <!--面包屑-->
2    <el-breadcrumb separator="/">
3        //永远显示首页
4        <el-breadcrumb-item :to="{ path: '/' }">首页</el-breadcrumb-item>
5        //动态显示当前菜单标签,并且在有 current 时才显示
6        <el-breadcrumb-item :to="current.path"
7    v-if="current">{{current.label}}</el-breadcrumb-item>
8    </el-breadcrumb>
9    import { computed, defineComponent } from "vue";
10   import { useStore } from "vuex";
11   export default defineComponent({
12       setup() {
13       let store =useStore()
14       //拿到 vuex 的 currentMenu 数据并使用计算属性,实现菜单改变,页面也
15   //会跟着改变效果
16       const current=computed(()=>{
17              return store.state.currentMenu
18       })
19       }
20       return {
21         current,
22       };
23     },
24   })
25   </script>
```

◆ 11.3.2　左侧菜单栏

左侧菜单栏的大致效果如图 11-9 所示,布局使用的是 ElmentPlus 的 Menu 菜单的侧栏,实现单击菜单就会跳转到相应路由组件的功能。

将菜单分为两组,分别为有子菜单和无子菜单,分别遍历菜单数据并动态渲染文字、图标等。

在项目的 src/components 文件下创建 CommonAside.vue(布局中的左侧菜单)文件,主要代码如下:

图 11-9　左侧菜单栏的实现效果

```
1    <! --没有 children 的一级菜单 -->
2    <el-menu-item
3          :index="item.path"
4          v-for="item in noChildren()"
5          :key="item.path"
6            @click="clickMenu(item)"   //单击进行跳转的方法,并传入 item
7    >
8        //单击菜单进行路由跳转的方法
9          function clickMenu(item){
10          router.push({
11            name:item.name,
12          })
13        }
```

◆ 11.3.3　tag 标签

tag 标签的展示及切换的大致效果如图 11-10 至图 11-14 所示,布局使用的是 ElmentPlus 的 tag 标签,首页的 tag 标签一开始就会存在,而且是不能删除的。

图 11-10　首页的 tag 标签

图 11-11　单击左侧菜单栏中的"商品管理"后

图 11-12 单击左侧菜单栏中的"用户管理"后

图 11-13 在图 11-12 的基础上删除"用户管理"

图 11-14 在图 11-12 的基础上删除"商品管理"

当单击左侧菜单栏时,如果 tag 标签没有该菜单名称,则新增,并将最后一个 tag 标签的背景设置为蓝色。

删除当前 tag 标签,如果是最后一个,那么路由调整到它前面那个标签并且背景为蓝色;如果不是最后一个,那么路由调整到它后面那个标签并且背景为蓝色。注意: tag 标签无论路由如何切换都会存在,所以这个 tag 标签一定存在 main.vue 组件中。

首先在 store/index.js 中存储首页 tag 标签数据,代码如下:

```
1    import {createStore} from 'vuex'
2    export default createStore({
3        //数据
4        state:{
5            //tag 标签数据,一开始只有首页
6            tabsList:[
7                {
8                    path:'/',
9                    name:'home',
10                   label:'首页',
11                   icon:'home'
12               }
13           ],
14       },
```

在项目的 src/components 文件下创建 CommonTab.vue 文件,在此文件中拿到首页的 tag 标签数据,主要代码如下:

```
1    import { useStore } from "vuex";
2    export default {
3      setup() {
4        let store =useStore();
5        const tags =store.state.tabsList;   //不需要计算属性拿到数据,因为
6    //这个值不会变化,永远都有首页这个 tag 标签
```

当单击不是首页的菜单时,查看当前的 tabsList 数组是否有该菜单,如果没有,则向 tabsList 数组添加该菜单项,否则什么都不做。代码如下:

```
1    //单击菜单进行路由跳转
2          selectMenu(state,val){
3           if(val.name =='home'){
4               state.currentMenu =null
5           }else{
6               state.currentMenu=val
7               //arr.findIndex 方法返回找到的元素的索引,而不是元素本身。
8    //如果没找到,则返回 -1
9               let result=state.tabsList.findIndex(item=>item.name ==
10   val.name) //item 表示数组的每一项
11               result==-1? state.tabsList.push(val):''
12        }
13        },
```

单击对应的 tag 标签进行路由跳转,需要在 tag 标签中设置单击事件。代码如下:

```
1    <script>
2    import { useRouter, useRoute } from "vue-router";
3    export default {
4      setup() {
5        let router=useRouter()
6        //单击 tag 标签进行路由跳转的方法
7        function changeMenu(item){
8            router.push({
9              name:item.name
10           })
11       }
12     return {
13          changeMenu,
14       };
15   };
16   </script>
```

单击关闭 tag 标签,设置单击事件,代码如下:

```
1    //单击 tag 标签关闭方法
2      function handleClose(tag,index){
3      //让长度与索引保持一致
4        let length=tags.length -1;
5        //处理 vuex 的 tablelist,即删除当前的菜单项
6        store.commit("closeTab",tag)
7        //做第一个判断,如果当前显示的 tag 标签与要删除的 tag 标签不一致,
8    //则不做处理,还是上面的 closeTab 方法
9        if(tag.name !==route.name){
10        return;
11      }
12      //如果当前显示的 tag 标签与要删除的 tag 标签相同
13       //并且是最后一个 tag 标签,则路由跳转到前面一个 tag 标签
14      if(index ===length){
15      router.push({
16          name:tags[index-1].name
17        })
18    }else{ //不是最后一个 tag 标签,则路由跳转到后面一个 tag 标签,因为删除
19    //了该标签,所以后面那个标签的索引就是被删除标签的索引
20        router.push({
21          name:tags[index].name,
22        })
23    }
24  }
```

在 store 文件中设置关闭标签的方法,代码如下:

```
1    closeTab(state,val){
2      //拿到当前菜单的索引
3      let res=state.tabsList.findIndex(item=>item.name ===val.name)
4      //在 tabsList 数组中, 从当前菜单索引开始删除一个元素,即删除
5    //当前的菜单项目
6      state.tabsList.splice(res,1)
7      },
```

◆ 11.3.4 模块页面区

模块页面区只是一个页面容器。当用户单击相应的菜单时,菜单对应的内容就会渲染到模块页面区指定的页面位置上。

在项目的 src/views 文件夹下创建 Main.vue 文件,其中模块页面区的主要代码如下:

```
1    <el-main class="right-main">
2    <router-view />
3    </el-main>
```

代码第 2 行为一个＜router-view/＞标签，它是 vue-router 组件的核心内容之一，当用户单击对应的菜单时，路由会根据既定的约定把菜单对应的组件内容渲染到这个标签所在的位置。

11.3.5　页面结构组合效果

上述组件其实都是具体页面的一个个组成部分，在 views/Main.Vue 中，这些组件被组合起来，形成一个完整页面，使用的是 ElementPlus 的 Container 布局容器，其中引入 CommonHeader 组件，并在 header 区域导入＜common-header /＞；引入 CommonAside 组件，并在 aside 区域导入＜common-aside /＞；引入 CommonTab 组件，并导入＜common-tab /＞；代码如下：

```
1    <template>
2     <div class="common-layout">
3       <el-container class="lay-container">
4         <common-aside />
5         <el-container>
6           <common-header />
7           <common-tab />
8           <el-main class="right-main">
9             <router-view />
10          </el-main>
11        </el-container>
12      </el-container>
13     </div>
14   </template>
15   <script>
16   import { defineComponent } from "vue";
17   import CommonHeader from "../components/CommonHeader.vue";
18   import CommonAside from "../components/CommonAside.vue";
19   import CommonTab from "../components/CommonTab.vue";
20   export default defineComponent({
21     components: {
22       CommonHeader,
23       CommonAside,
24       CommonTab,
25     },
26   });
27   </script>
```

11.4　登录页面

11.4.1　动态路由的实现

根据后台返回的 menu 数据动态添加路由,而不是在 router/index.js 文件中直接配置要跳转的路由。除了首页和登录注册页面,其他页面的路由都应该是动态添加的。

首先定义一个新的数组,用来存储菜单,命令如下:

```
1    const menuArray=[]
```

在 store/index.js 文件的 addmenu 方法中遍历得到的动态菜单,如果当前菜单有子菜单,那么就用 map 对子菜单进行操作,返回当前菜单的路径,并使用懒加载的方式引入路由组件,然后把该子菜单项 push 到菜单空数组。代码如下:

```
1    menu.forEach(item =>{
2            if(item.children){
3              item.children=item.children.map(item=>{
4               let url=`../views/${item.url}.vue`
5               item.component=()=>import(url)
6               return item
7              })
8              menuArray.push(...item.children)       //解构出子菜单
9            }
10   }
```

如果当前菜单没有子菜单,则依然返回路径,和上面的操作一样,并且把该菜单项 push 到菜单空数组。

当 menuArray 中有菜单时,就遍历该菜单,并且使用 addRoute 方法添加一条新的路由记录作为首页路由(首页路由名为 home1)的子路由。所以 addmenu 方法中还需要设置第二个参数 router,当刷新时,需要传 router 过来。代码如下:

```
1        menuArray.forEach(item=>{
2                router.addRoute('home1',item)
3          })
```

addmenu 方法应该在 main.js 文件中使用,这是因为如果在 app.vue 中使用,此时页面已经挂载完毕,添加动态路由已经晚了。

11.4.2　登录退出功能的实现

登录退出时,添加单击事件,清除当前菜单。在 store/index.js 中定义清除菜单的方法,用 localstorage.remove 清除当时存储的菜单。代码如下:

```
1    //清除菜单
2    clearMenu(state){
3      state.menu=[]
4      localStorage.removeItem('menu')
5    }
```

然后在单击退出时调用该方法,并跳转到登录页面。该代码在 components/
CommonHeader 文件中编写,代码如下:

```
1    //退出方法
2      function handleLoginOut(){
3       //清除菜单
4       store.commit('clearMenu')
5      router.push({
6       name:'login'
7      })
8      }
```

11.4.3 路由守卫的实现

即使知道首页等其他页面的地址,但是如果没有进行登录操作,就不能跳转到对应的
地址,而是直接跳转到登录页面地址进行登录操作,因此需要根据后端返回的 token 进行
路由守卫,并在 vuex 中进行管理。先设置 token 为空,登录时对登录返回的 token 值赋值
给 vuex 中的 token,还要对 token 进行持久化,需要下载 cookie。

终端安装 cookie,命令如下:

```
1    npm install js-cookie --save
```

在 store/index.js 中引用 js-cookie,命令如下:

```
1    import jsCookie from 'js-cookie'
```

在 store/index.js 文件中,将登录时返回的 token 数据 val 赋值给当前 vuex 中的
token,代码如下:

```
1    //设置 token
2    setToken(state,val){
3         state.token=val
4         Cookie.set('token',val)
5    },
6    //清除 token
7    clearToken(state){
```

```
8      state.token=''
9      Cookie.remove('token')
10     },
11     //获取 token
12     getToken(state){
13     //如果当前 vuex 中有 token 的值,就获取 vuex 中的 token 值
14     state.token=state.token || Cookie.get('token')
15     }
```

当单击"登录"按钮时,就调用设置 token 的方法,并且拿到当前的 token,作为参数对 vuex 中的 token 进行赋值。

在 main.js 中添加一个全局路由守卫,先调用获取 token 的方法,并且得到 store 中的 token 值,如果没有 token 且即将要跳转的路由页面不是登录页面,就直接让它跳转到登录页面。如果有 token 值,还要进行判断;如果没有匹配到当前路径,就直接跳转到首页;如果能匹配到当前路径,就跳转到对应的路由页面。代码如下:

```
1      router.beforeEach((to,from,next)=>{
2        store.commit('getToken')
3        const token=store.state.token
4        if(!token && to.name !=='login'){
5         next({name:'login'})
6        }else if(! checkRouter(to.path)){   //如果没有检测到当前路径,就直接跳
7      //转到首页
8         next({name:'home'})
9        } else{
10        next()
11       }
12     })
```

11.5 首页

项目首页是一个程序的入口页面,用户打开程序,首先映入眼帘的就是首页,它的界面设计会直接影响用户的体验。接下来针对首页组成部分的内容进行详细讲解。

首页总体使用 ElementPlus 的 layout 布局,分为用户信息、数据展示、折线图、柱状图、饼状图等部分。

11.5.1 用户信息

用户信息展示使用的是 ElementPlus 的 card 卡片,代码如下:

```
1      <el-card shadow="hover">
2        <! --卡片的上部分具体的展示内容 -->
```

```
3      <div class="user">
4        <!--图片展示 -->
5        <img src="../../assets/images/user.jpg" alt="" />
6        <!--用户信息展示 -->
7        <div class="user-info">
8            <p class="name">Admin</p>
9            <p class="role">超级管理员</p>
10       </div>
11     </div>
12     <!--卡片的下部分具体的展示内容 -->
13     <div class="login-info">
14       <p>上次登录时间<span>2022-7-11</span></p>
15       <p>上次登录地点<span>南昌</span></p>
16     </div>
17   </el-card>
```

实现效果如图 11-15 所示。

图 11-15　用户信息

11.5.2　数据展示

数据展示使用的是 ElementPlus 的 table 表格,代码如下:

```
1    <el-card shadow="hover" style="margin-top: 20px" height="450px">
2      <!--卡片里显示的是表格 -->
3      <el-table :data="tableData">
4        <!--表格每列的标题<el-table-column/>,并且根据数据遍历每一列-->
5        <el-table-column
6          v-for="(val, key) in tableLabel"
7          :key="key"
8          :prop="key"
9          :label="val"
10       >
```

```
11            </el-table-column>
12         </el-table>
13       </el-card>
14     <script>
15     import { defineComponent } from "vue";
16     export default defineComponent({
17     setup() {
18       //左侧表格的 tableData 数据
19       const tableData =[
20         {
21           name: "oppo",
22           todayBuy: 500,
23           monthBuy: 3500,
24           totalBuy: 22000,
25         },
26         {
27         ...
28         },
29         ...
30       ];
31       //tableData 数据的表头
32       const tableLabel ={
33         name: "品类",
34         todayBuy: "今日购买",
35         monthBuy: "本月购买",
36         totalBuy: "总共购买",
37       };
38         return {
39           tableData,
40           tableLabel
41         };
42       },
43       });
44     </script>
```

实现效果如图 11-16 所示。

课程	今日购买	本月购买	总购买
oppo	500	3500	22000
vivo	300	2200	24000
苹果	800	4500	65000
小米	1200	6500	45000
三星	300	2000	34000
魅族	350	3000	22000

图 11-16　数据展示

home 组件右侧上面的数据也是用 card 卡片展示的。其中,数据来源于线上 fastmock。
在 api.js 文件中配置对应的请求数据的方法,代码如下:

```
1   <script>
2   import {defineComponent, getCurrentInstance, onMounted, ref} from "vue";
3   export default defineComponent({
4   setup() {
5   //proxy 类似于 Vue2 的 this
6   const { proxy } =getCurrentInstance();
7   let countData =ref([]);
8   //getCountData()这个方法使用了 api.js 中的 getCountData 方法请求
9   //table 中的数据
10   async function getCountData() {
11    let res =await proxy.$api.getCountData();
12   console.log(res);
13   countData.value =res;
14   }
15   onMounted(() =>{
16   getCountData();
17   });
18   return {
19   countData,
20     };
21   },
22     });
23   </script>
```

实现效果如图 11-17 所示。

图 11-17 数据展示

11.5.3 折线图(Echart 表格)

终端下载 Echart,命令如下:

```
1   npm install echarts
```

页面引入 Echart,命令如下:

```
1   import * as echart from 'echarts'
```

在 views/home/Home.vue 中进行图形的配置，代码如下：

```
1    let xOptions = reactive({
2        //图例文字颜色
3        textStyle: {
4          color: "#333",
5        },
6        grid: {
7          left: "20%",
8        },
9        //提示框
10       tooltip: {
11         trigger: "axis",
12       },
13       xAxis: {
14         type: "category", //类目轴
15         data: [],
16         axisLine: {
17           lineStyle: {
18             color: "#17b3a3",
19           },
20         },
21         axisLabel: {
22           interval: 0,
23           color: "#333",
24         },
25       },
26       yAxis: [
27         {
28           type: "value",
29           axisLine: {
30             lineStyle: {
31               color: "#17b3a3",
32             },
33           },
34         },
35       ],
36       color: ["#2ec7c9", "#b6a2de", "#5ab1ef", "#ffb980", "#d87a80",
37    "#8d98b3"],
38       series: [],
39   });
```

设置 Echart 表格的空数据，并通过线上 mock 配置表格数据，代码如下：

```
1        //下面是 Echart 表格的数据,先设置为双向绑定数据,并且都为空值,然后
2    //通过接口获取数据,进行赋值
3     let orderData = reactive({
4     xData: [],
5     series: [],
6     });
7     xData: [],
8     series: [],
9     });
10     let videoData = reactive({
11     series: [],
12     });
```

在 api.js 文件中创建方法请求表格数据,代码如下:

```
1    getEchartData(params){
2     return request({
3        url:'/home/getEchartData',
4        method:'get',
5        data:params,
6        mock:true
7     })
8    }
```

在 Home.vue 页面中获取数据,代码如下:

```
1    const getChartData = async () => {
2        let result = await proxy.$api.getChartData();
3        let res = result.orderData;
4        let userRes = result.userData;
5        let videoRes = result.videoData;
6        orderData.xData = res.date;
7        const keyArray = Object.keys(res.data[0]);
8        const series = [];
9        keyArray.forEach((key) => {
10          series.push({
11            name: key,
12            data: res.data.map((item) => item[key]),
13            type: "line",
14          });
15        });
16        orderData.series = series;
17        xOptions.xAxis.data = orderData.xData;
18        xOptions.series = orderData.series;
```

```
19        //userData 进行渲染
20        let hEcharts =echarts.init(proxy.$refs["echart"]);
21        hEcharts.setOption(xOptions);
22      };
```

实现效果如图 11-18 所示。

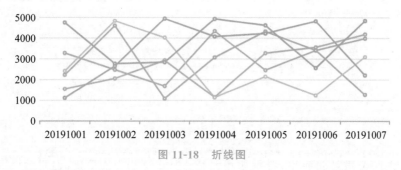

图 11-18　折线图

11.5.4　柱状图(Echart 表格)

柱状图的配置代码如下:

```
1        //折线图和柱状图的 Echart 配置相同,只是横坐标、纵坐标、series 不同,
2      //这些数据通过请求得到
3        let xOptions=reactive({
4      //图例文字颜色
5      textStyle: {
6        color: "#333",
7      },
8      grid: {
9        left: "20%",
10      },
11      //提示框
12      tooltip: {
13        trigger: "axis",
14      },
15      xAxis: {
16        type: "category", //类目轴
17        data: [],
18        axisLine: {
19          lineStyle: {
20            color: "#17b3a3",
21          },
22        },
23        axisLabel: {
```

```
24        interval: 0,
25        color: "#333",
26      },
27    },
28    yAxis: [
29      {
30        type: "value",
31        axisLine: {
32          lineStyle: {
33            color: "#17b3a3",
34          },
35        },
36      },
37    ],
38    color: ["#2ec7c9", "#b6a2de", "#5ab1ef", "#ffb980", "#d87a80",
39    "#8d98b3"],
40    series: [],
41  })
```

请求柱状图的数据，代码如下：

```
1    //通过接口获取 Echart 表格的数据,api.js
2    async function getEchartData(){
3    let result =await proxy.$api.  getEchartData();
4    let userData=result.userData     //柱状图数据
5    }
```

将请求来的数据赋值给当前的图形数据，代码如下：

```
1     //柱状图进行渲染的过程
2    userData.xData =userData.map((item) =>item.date);   //柱状图的横坐标的值
3    userData.series =[
4      {
5        name: "新增用户",
6        data: userData.map((item) =>item.new),
7        type: "bar",
8      },
9      {
10       name: "活跃用户",
11       data: userData.map((item) =>item.active),
12       type: "bar",
13     },
14   ];
15   xOptions.xAxis.data=userData.xData
```

```
16     xOptions.series=userData.series
17     let uEcharts =echart.init(proxy.$refs['userechart'])
18     uEcharts.setOption(xOptions)
```

实现效果如图 11-19 所示。

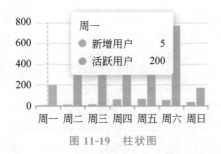

图 11-19 柱状图

11.5.5 饼状图（Echart 表格）

饼状图的配置代码如下：

```
1       //饼状图的配置
2      let pieOptions = reactive({
3       tooltip: {
4      trigger: "item",
5      },
6      color: [
7     "#0f78f4",
8     "#dd536b",
9     "#9462e5",
10    "#a6a6a6",
11    "#e1bb22",
12    "#39c362",
13    "#3ed1cf",
14      ],
15     series: [],
16     });
```

将请求来的数据赋值给当前的图形数据,代码如下：

```
1     //饼状图进行渲染的过程
2     videoData.series =[
3       {
4        data: videoData,
5        type: "pie",
6       },
```

```
7      ];
8      pieOptions.series =videoData.series;
9      let vEcharts =echart.init(proxy.$refs["videoechart"]);
10     vEcharts.setOption(pieOptions);
11     };
```

实现效果如图 11-20 所示。

图 11-20　饼状图

11.6　用户管理

11.6.1　获取用户数据

使用本地 mock 配置用户数据。在 api/mockData/user.js 中输入如下代码:

```
1      import Mock from 'mockjs'
2      //get 请求从 config.url 获取参数, post 从 config.body 中获取参数
3      function param2Obj(url) {
4        const search =url.split('? ')[1]
5        if (!search) {
6          return {}
7        }
8        return JSON.parse(
9         '{"' +
10        decodeURIComponent(search)
11          .replace(/"/g, '\\"')
12          .replace(/&/g, '","')
13          .replace(/=/g, '":"') +
14        '"}'
15        )
16      }
17     //创建 200 条数据
18     let List =[]
19     const count =200
```

```
20    for (let i = 0; i < count; i++) {
21      List.push(
22        Mock.mock({
23          id: Mock.Random.guid(),
24          name: Mock.Random.cname(),
25          addr: Mock.mock('@county(true)'),
26          'age|18-60': 1,
27          birth: Mock.Random.date(),
28          sex: Mock.Random.integer(0, 1)
29        })
30      )
31    }
32    export default {
33      /**
34       * 获取列表
35       * 要带参数 name, page, limt; name 可以不填, page,limit 有默认值
36       * @param name, page, limit
37       * @return {{code: number, count: number, data: *[]}}
38       * /
39      getUserList: config => {
40      //每一页数据 20 条
41        const { name, page = 1, limit = 20 } = param2Obj(config.url)
42        const mockList = List.filter(user => {
43          if (name && user.name.indexOf(name) === -1
44    && user.addr.indexOf(name) === -1) return false
45          return true
46        })
47        const pageList = mockList.filter((item, index) => index < limit * page
48    && index >= limit * (page -1))
49        return {
50          code: 200,
51          data: {
52            list: pageList,              //返回当前页的数据
53            count: mockList.length,      //返回整个数据的长度
54          }
55        }
56      }
```

在 mock.js 文件中引入 user.js 文件,拦截请求,请求用户管理列表数据。代码如下:

```
1    import userApi from './mockData/user'
2    //本地获取 user 的数据,第一个参数通过正则匹配路径,第二个参数是请求方式,
3    //第三个参数是请求数据的方法
4    Mock.mock(/user\/getUser/, 'get', userApi.getUserList)
```

在 api.js 中利用二次封装的 axios 请求数据。代码如下:

```
1    //获取 user 的 table 数据
2      getUserData(params) {
3        return request({
4          url: '/user/getUser',
5          method: 'get',
6          //这个 mock 如果是 true,则用的就是线上 fastmock 的数据
7          mock: false,
8          data: params
9          //分页器的 data:{total: 0,page: 1,},page 是 1 表示拿到第一页的数据
10       })
11     }
```

在用户管理页面上获取该数据,并赋值给定义的双向绑定的空数据,渲染到页面上。另外,自己设置表头数据,代码如下:

```
1    //table 表格表头的数据
2    //因为返回的性别数据不是我们需要的,后面进行处理
3      const tableLabel = reactive([
4        {
5          prop: "name",
6          label: "姓名",
7        },
8        {
9          prop: "age",
10         label: "年龄",
11       },
12       {
13         prop: "sexLabel",
14         label: "性别",
15       },
16       {
17         prop: "birth",
18         label: "出生日期",
19         width: 200,
20       },
21       {
22         prop: "addr",
23         label: "地址",
24         width: 320,
25       },
26     ]);
```

对拿到的性别数据进行处理,因为数据返回 0 和 1,所以需要展示性别。

```
1    //遍历每一条数据的 sex,进行操作,将 0、1 改为男和女,将值赋给 sexLabel
2      list.value = res.list.map((item) => {
3        item.sexLabel = (item.sex === 0 ? "女" : "男";)
4        return item;    //并且每遍历一次就返回
5      });
```

11.6.2 用户的分页实现

用户的分页实现使用的是 ElementPlus 的 Pagination 分页,定义一个对象 config,其中有 total 属性和当前页 page 属性。代码如下:

```
1    //定义当前页和 total 的响应数据对象 config
2    const config = reactive({
3      page: 0,              //默认为 1,展示第一页的数据
4      total: 1,             //默认为 1,会被请求得到的 total 覆盖
5    });
```

分页器设置单击事件,并且每次单击时都请求一次用户数据,代码如下:

```
1    <!--分页器 -->
2    <el-pagination
3      background
4      layout="prev, pager, next"
5      :total=config.total          //分页器的总数
6      class="pager mt-4"           //自己设置样式
7      @current-change="changePage"  //单击事件,不用传参,默认单击时会
8    //得到该分页器的页数
9      />
10   //单击分页器跳转方法
11     function changePage(page) {
12       config.page =page;
13       getUserData(config);
14     }
```

实现效果如图 11-21 所示。

姓名	年龄	性别	出生日期	地址	操作
姚磊	41	女	2014-02-17	北京 北京市 海淀区	编辑 删除
罗艳	28	男	2015-07-08	安徽省 黄山市 歙县	编辑 删除
徐杰	29	男	2007-12-24	贵州省 黔西南布依族苗族自治州 安龙县	编辑 删除
臼洋	41	女	2017-03-26	西藏自治区 日喀则地区 南木林县	编辑 删除
杜丽	19	男	1991-05-03	澳门 特别行政区 澳门半岛 -	编辑 删除
史刚	34	男	2021-11-09	湖南省 永州市 零陵区	编辑 删除
武娟	27	男	2005-08-19	黑龙江省 鸡西市 梨树区	编辑 删除
江平	36	男	1979-12-17	浙江省 湖州市 长兴县	编辑 删除
史秀英	44	男	2005-10-30	海外 海外 -	编辑 删除
文静	34	女	1994-10-04	海外 海外 -	编辑 删除
罗杰	18	男	1991-04-30	辽宁省 阜新市 海州区	编辑 删除

首页 用户管理 ×

< 1 2 3 4 5 6 … 20 >

图 11-21 获取用户数据

◆ 11.6.3 用户数据的增删改查

1. 搜索用户的实现

搜索框使用的是 ElementPlus 的 form 表单的行内表单,代码如下:

```
1    <!--搜索框 -->
2    <el-form :inline="true" :model="formInline">//
3      <el-form-item label="请输入">
4          <el-input v-model="formInline.keyword" placeholder="请输入用
5    户名" />
6          </el-form-item>
7       <el-form-item>
8      <el-button type="primary" @click="handleSearch">搜索</el-button>
9    </el-form-item>
10   </el-form>
```

在"搜索"按钮中定义单击事件,代码如下:

```
1    //定义当前页和 total 的响应数据对象 config,这里新增 name 属性
2     const config = reactive({
3       page: 0,
4       total: 1,
5       name: "", //默认空值
6     });
7
8     //定义 forminline,搜索框的关键字
9     const formInline = reactive({
10       keyword: "",
11     });
12
13    //单击搜索的方法,把 keyword 赋值给 config 的 name 属性,作为
14   //params 参数,拿到对应的数据
15     function handleSearch() {
16       config.name = formInline.keyword;
17       getUserData(config);
18    }
```

实现效果如图 11-22 所示。

+新增				请输入	董芳	搜索
姓名	年龄	性别	出生日期	地址		操作
董芳	59	男	1978-09-28	福建省 三明市 宁化县		编辑 删除

图 11-22 搜索用户

2. 新增用户的实现

新增用户功能使用了 ElementPlus 的 Dialog 对话框，Dialog 对话框添加用户信息新增的表单，性别选择用表单中的选择框，出生日期用表单的选择日期，代码如下：

```
1      <!--用户新增布局 dialog,模态框,新增用户和编辑用户信息共用一个模
2    态框-->
3      <el-button type="primary"  @click="dialogVisible =true">+新增
4    </el-button>
5        <el-dialog
6          v-model="dialogVisible"
7          title="新增用户"
8          width="40%"
9          :before-close="handleClose"
10         >
11       <!--用户信息表单部分 -->
12       <el-form :inline="true" :model="formUser" class="userForm">
13         <!--一行包含两列 -->
14         <el-row>
15           <el-col :span="12">
16             <el-form-item label="姓名">
17               <el-input v-model="formUser.name" placeholder="请输入
18    用户名" />
19             </el-form-item>
20           </el-col>
21           <el-col :span="12">
22             <el-form-item label="年龄">
23               <el-input v-model="formUser.age" placeholder="请输入
24    用户年龄" />
25             </el-form-item>
26           </el-col>
27         </el-row>
28         <!--一行包含两列 -->
29         <el-row>
30           <el-col :span="12">
31             <el-form-item label="性别">
32               <el-select v-model="formUser.sex" placeholder="请输入
33    性别">
34                 <el-option label="男" value="1" />
35                 <el-option label="女" value="0" />
36               </el-select>
37             </el-form-item>
38           </el-col>
39           <el-col :span="12">
```

```
40            <el-form-item label="出生日期">
41                <el-date-picker
42                  v-model="formUser.birth"
43                  type="date"
44                  placeholder="请选择出生日期"
45                  style="width: 100%"
46                 />
47            </el-form-item>
48          </el-col>
49        </el-row>
50          <!--最后只有一行,只有一列地址 -->
51        <el-row>
52          <el-col :span="12">
53            <el-form-item label="地址">
54              <el-input v-model="formUser.addr" placeholder="请输入
55      地址" />
56              </el-form-item>
57          </el-col>
58      </el-row>
59          <!--第四行是取消确定按钮,并且靠右 -->
60        <el-row style="justify-content: flex-end">
61          <el-button type="primary" @click="handleCancel">取消
62  </el-button>
63          <el-button type="primary" @click="onSubmit">确定
64  </el-button>
65        </el-row>
66      </el-form>
67  </el-dialog>
```

实现效果如图 11-23 所示。

图 11-23　新增用户

为了实现将对话框中填写的用户信息提交到用户数据的功能,本地 mock 的 user.js 中已经定义了添加用户的方法,代码如下:

```
1    Mock.mock(/user\/add/, 'post', userApi.createUser)
```

在 mock.js 中拦截数据，当匹配到该路径时调用该方法。

api.js 中利用二次封装的 axios 提交用户数据，代码如下：

```
1    //新增用户接口
2        addUser(params){
3          return request({
4              url:'/user/add',
5              method:'post',
6              mock: false,
7              data: params
8          })
9        },
```

提交用户数据后，需要完成以下事情：对话框要重置，里面的数据会消失；对话框会消失；重新调用 getuserlist 方法，拿到最新的用户数据。代码如下：

```
1    //提交用户数据
2    async function onSubmit(){
3      let res =await proxy.$api.addUser(formUser);
4      if(res){
5        //重置表单,<el-form :inline="true" :model="formUser"
6    ref="userForm">,userForm 表单数据重置
7        proxy.$refs.userForm.resetFields();
8        //关闭对话框
9          dialogVisible.value =false;
10        //重新请求用户数据
11          getUserData(config)
12      }
13    }
```

新增用户表单验证，代码如下：

```
1    //rules 就是自己定义的规则
2    <el-form-item label="姓名"  prop="name"  :rules="[{ required: true,
3    message: '姓名是必填项' }]">
4    <el-form-item label="年龄"  prop="age"
5            :rules="[
6                { required: true, message: '年龄是必填项' },
7                { type: 'number', message: '年龄必须是数字' },
8            ]">
9    <el-input v-model.number="formUser.age" placeholder="请输入用户
10    年龄" />
11    //v-model.number 可以使输入的字符串数字转变为 number 类型
```

单击"确定"按钮时,每一个用户信息框都会进行校验,当有信息框未填时,不能提交数据,可以使用表单的 validate 方法进行校验。代码如下:

```
1    //提交用户数据
2    function onSubmit(){
3      //如果能拿到形参,即所有的必选框都填了,就提交数据
4      proxy.$refs.userForm.validate(async (valid)=>{
5        if(valid){
6            //调用日期格式化方法
7    formUser.birth =timeFormat(formUser.birth);
8      let res =await proxy.$api.addUser(formUser);
9      if(res){
10     //重置表单
11     proxy.$refs.userForm.resetFields();
12     //关闭对话框
13         dialogVisible.value =false;
14     //重新请求用户数据
15       getUserData(config)
16   }
17     }
18   })
19   }
```

单击"取消"按钮时,应该完成以下事情:重置表单;关闭对话框。代码如下:

```
1    //重置表单,关闭对话框
2    function handleCancel() {
3      proxy.$refs.userForm.resetFields();
4      dialogVisible.value =false;
5    }
```

当有信息未填写完成且单击"确定"按钮时,将会提示错误信息。实现效果如图 11-24 所示。

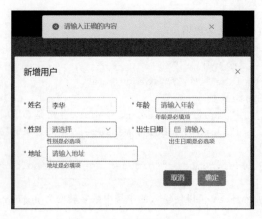

图 11-24 校验用户信息

3. 编辑用户的实现

单击"编辑"按钮时,会显示对话框,并且复用新增用户的对话框,因此需要定义一个变量以区分当前是编辑用户还是新增用户,在新增和编辑时改变该变量。

单击"编辑"按钮时要拿到当前行的用户信息,可以用插槽的方法♯default="scope"拿到当前表格的数据,再用scope.row拿到当前行的数据。代码如下:

```
1   //#default="scope"可以拿到当前表格的数据
2    <template #default="scope">
3   //@click="handleEdit(scope.row)"单击"编辑"按钮时可以拿到当前行 scope.row
4   //的数据
5    <el-button type="primary" size="small"
6   @click="handleEdit(scope.row)">编辑</el-button>
7    </template>
```

把拿到的这些数据赋值到编辑用户的对话框。浅拷贝 object.assign(目标对象,源对象),代码如下:

```
1   //把当前行的数据赋值给 formUser 用户对象
2    Object.assign(formUser, row);
```

实现效果如图 11-25 所示,可以看出,我们将单击的这条数据赋值到了编辑用户的对话框中。

图 11-25　编辑用户

单击"取消"按钮,再单击"新增"按钮时,对话框为空,所以需要进行一个异步操作浅拷贝。代码如下:

```
1   proxy.$nextTick(() =>{
2       //拿到每一行的用户数据,可以用浅拷贝
3       Object.assign(formUser, row);
4    });
```

单击"确定"按钮时,需要用编辑用户的接口,并在 api.js 中利用二次封装的 axios 调

用编辑用户的接口。代码如下：

```
1    //编辑用户接口
2      editUser(params){
3        return request({
4          url:'/user/edit',
5          method:'post',
6          mock: false,
7          data: params
8        })
9      },
```

在 mock.js 中通过匹配路径拦截请求，调用本地 mock 的 user.js 文件编辑用户的方法。代码如下：

```
1    Mock.mock(/user\/edit/, 'post', userApi.updateUser)
```

需要判断单击"确定"按钮时的单击事件，判断如果当前是编辑用户的对话框，就调用编辑用户的接口。

4. 删除用户的实现

在 api.js 中利用二次封装的 axios 调用删除用户的接口，代码如下：

```
1    //删除用户接口
2        deleteUser(params){
3          return request({
4            url:'/user/delete',
5            method:'get',
6            mock: false,
7            data: params
8          })
9        },
```

在 mock.js 中通过匹配路径拦截请求，调用本地 mock 的 user.js 文件删除用户的方法。代码如下：

```
1    Mock.mock(/user\/delete/, 'get', userApi.deleteUser)
```

单击"删除"按钮时，设置单击事件，并获取当前行的数据。代码如下：

```
1    <template #default="scope">
2        <el-button type="primary" size="small"
3    @click="handleDelete(scope.row)">编辑</el-button >
4      </template>
```

单击"删除"按钮时,判断是否确定删除,如果确定删除,就调用删除用户的接口,并且需要传入当前数据的 id 值,删除成功后再重新调用获取用户信息的接口。代码如下:

```
1      //删除用户方法
2    function handleDelete(row){
3        //判断是否删除
4      ElMessageBox.confirm("确定删除吗")
5      //确认删除则进行以下操作
6       .then(async() =>{
7       //调用删除用户接口
8       await proxy.$api.deleteUser({  id:row.id })
9       //弹出删除成功信息
10       ElMessage({
11        showClose:true,
12        Message:'删除成功',
13        type:"success"
14        })
15       //重新获取用户数据
16       getUserData(config)
17        })
18       .catch(() =>{
19         //catch error
20        });
21     }
```

实现效果如图 11-26 所示,单击 OK 按钮,该条数据将会被删除,再重新调用获取用户信息的接口,显示的用户信息将没有这条数据。

图 11-26　删除用户

本章小结

本章通过"电商后台管理系统"项目的开发对 ElementPlus、vuex、vue-router、axios、Echart 等前端库、组件库及插件进行了综合讲解,并且为了提高项目的实战性,采用了 mock.js 模拟后端数据,利用 API 接口进行了数据交互。通过本章项目的学习,读者可以将所学技术运用到实际的项目开发中。

经典面试题

1. ElementPlus 是如何做表单验证的？
2. axios 有哪些特点？
3. vuex 的作用是什么？它可以在哪些场景下使用？
4. vue-Router 中的导航钩子有哪些？它们分别在什么时候被调用？
5. Echart 中的图表类型有哪些？它们分别适用于什么场景？